AF459214

CATALOGUE

DES PRODUITS

DE L'INDUSTRIE FRANÇAISE,

ADMIS A L'EXPOSITION PUBLIQUE,

SUR LA PLACE DE LA CONCORDE.

ANNÉE 1834.

PRIX : 1 FR. 25 C.

CATALOGUE

DES PRODUITS

DE L'INDUSTRIE FRANÇAISE,

ADMIS A L'EXPOSITION PUBLIQUE,

SUR LA PLACE DE LA CONCORDE, EN 1834,

CONTENANT :

1° L'Ordonnance du Roi sur l'Exposition de 1834;

2° Le Plan descriptif des constructions de la place de la Concorde et des quatre pavillons où les produits de l'industrie sont distribués d'après leur nature, leur genre et leur espèce;

3° Les noms et demeures des exposans, avec les numéros d'ordre assignés à chacun d'eux, et la mention des objets exposés.

PARIS,

PIHAN-LAFOREST, IMPRIMEUR, RUE DES BONS-ENFANS, N° 34.

1834.

ORDONNANCE DU ROI.

Saint-Cloud, le 4 octobre 1833.

LOUIS PHILIPPE, Roi des Français,

A tous présens et à venir, salut.

Sur le rapport de notre Ministre Secrétaire d'état au département du commerce et des travaux publics,

Nous avons ordonné et ordonnons ce qui suit :

Article premier. Une exposition des produits de l'industrie française sera ouverte à Paris, le 1er mai 1834, sur la place de la Concorde.

Art. 2. Aucun produit ne sera exposé qu'il n'ait été admis par un jury nommé à cet effet, par les préfets, dans chaque département.

Art. 3. Un jury central sera nommé à Paris par notre ministre secrétaire d'état du commerce et des travaux publics. Ce jury jugera du mérite des ouvrages exposés. Après son rapport, nous nous réservons de décerner, à titre de récompense, des médailles d'or, d'argent et de bronze.

Art. 4. Les préfets, sur l'avis des jurys départementaux, feront connaître les artistes qui, par des inventions ou procédés non susceptibles d'être exposés séparément, auraient contribué aux progrès des manufactures depuis l'exposition de 1827; ces artistes pourront avoir part aux récompenses.

Art. 5. A l'avenir, les expositions périodiques des produits de l'industrie auront lieu de cinq ans en cinq ans.

ART. 6. Notre ministre secrétaire d'état du commerce et des travaux publics est chargé de l'exécution de la présente ordonnance.

Donné au palais de Saint-Cloud, le 4 octobre 1835.

Signé LOUIS-PHILIPPE.

Par le Roi :

Le Ministre Secrétaire d'état au département du commerce et des travaux publics,

Signé A. THIERS.

Pour ampliation :

Le Maître des requêtes, secrétaire général du ministere du commerce et des travaux publics,

EDMOND BLANC.

PLAN DESCRIPTIF

DES CONSTRUCTIONS DE LA PLACE DE LA CONCORDE,

ET DISTRIBUTION

DES OBJETS EXPOSÉS.

Les constructions élevées sur les terres-plains de la place de la Concorde pour l'exposition des produits de l'industie, se composent de quatre pavillons ; chacun d'eux a la forme d'un parallélogramme rectangle de 76 mètres de longueur sur 47 mètres de large ; leurs entrées et leurs sorties sont placées dans la même façade pour faciliter la circulation du public. A l'intérieur, leur disposition est à peu près la même ; elle offre deux vestibules entre lesquels se trouvent dans deux des pavillons, les salles demandées pour l'administration. Deux galeries parallèles règnent sur les grands côtés du parallélogramme et sont séparées par une vaste cour, qui est couverte en certains endroits pour les besoins du service ; ces deux galeries sont formées de cinq travées égales, et chacune d'elles est terminée par une grande salle carrée, qui donné entrée à une troisième galerie placée au fond en retour d'équerre. Toutes ces salles ou galeries ont la même largeur de treize mètres, ce qui donne la facilité, après avoir appliqué à chacune de leurs parois, des tables de plus d'un mètre de large, d'en placer une au milieu, de 2 mètres, et de conserver deux passages de 3 mètres de large.

Un corps-de-garde destiné à recevoir 30 hommes, est affecté à chaque pavillon et adossé à la face opposée à l'entrée.

SALLE N° 1.

(Côté des Champs-Élysées et du Garde-Meuble.)

MACHINES MÉCANIQUES ET MÉTAUX : Marbres ; Poterie ; Presses de divers genres ; Tapis vernis ; Voitures ; Machines et Instrumens propres à l'agriculture, aux manufactures et aux arts ; Outils divers ; Clouterie ; Serrurerie ; Trefilerie, Toiles métalliques et autres objets de quincaillerie ; Métaux ouvrés, savoir : Plomb, Cuivre, Zinc, Laiton, Fonte de fer, Fer, Acier, Tôles et Fers noirs, Fer-blanc.

Lors des expositions précédentes au Louvre, tous ces objets étaient dans la *Salle de Henri IV*, qui n'a pas plus de 130 pieds de longueur sur 36 de large, et dans une partie des galeries de la cour, qui n'avait pas plus de 30 pieds de longueur. La salle n° 1 de l'exposition de 1834 offre au moins 260 pieds de plus sur une plus grande largeur. C'est la seule qui n'ait pas de plancher, parce qu'elle est destinée à recevoir les machines mécaniques et métaux d'un grand poids et de grandes dimensions.

SALLE N° 2.

(En face de la Salle n° 1 et du côté de la rivière.)

PRODUITS DIVERS : Produits chimiques, Alun, Potasse, Couleurs, etc. ; Typographie, Gravure, Lithographie, Lithocromie, Peinture ; Objets relatifs aux arts, au dessin ; Ecriture ; Reliûre ; Tabletterie, Cire à cacheter et autres ustensiles de bureaux ; Papiers de tenture et d'impression, Registres à l'usage du commerce ; Coutellerie ; Instrumens de chirurgie ; Chapellerie ; Fleurs artificielles ; Verrerie ; Vitrerie ; Parfumerie ; Terre cuite, Poteries ; Cuirs et Peaux, Mégisserie et Ganterie ; Cire et Bougies ; Substances alimentaires; Produits de l'institution des Sourds-Muets de Paris; Billards; Tapis et Tapisseries vernis; Sellerie et Harnachemens; Cannes et Parapluies; Effets d'habillement; Cols; Perruques; Corsets.

Cette salle a plus de neuf mille pieds de surface horisontale et les mêmes objets qu'elle contient n'occupaient à la dernière exposition au Louvre, qu'une espace de trois mille pieds tout au plus.

La cour du milieu est en partie couverte, et les voitures de roulage peuvent y entrer, de sorte que les objets envoyés à l'exposition, sont déchargés et mis à couvert.

Entre les deux vestibules de cette salle sont placés les bureaux de l'administration et la salle du jury central.

SALLE N° 3.

(Terre-plain à gauche en sortant des Tuileries.)

Tissus de toute espèce, et Matières premières servant au tissage : Schâles et autres tissus de cachemire, Schâles français; Soieries; Mérinos; Fils, Cotons, Cotons filés; Toiles peintes; Alépines et Bombasines; Mousselines unies et peintes; Dentelles; Blondes; Gazes; Flanelles; Molletons; Etoffes rases; Couvertures en laine et en coton; Bonneterie de toute espèce et de toute matière filamenteuse; Batistes; Linons; Toiles de lin et de chanvre; Coutils; Tulles de coton; Percales; Jaconas; Piqués; Basins; Velventines; Satin de coton; Etoffes mélangées de coton; Mouchoirs; Madras; Linge de table en fil, en coton, uni, ouvré, damassé; Broderies diverses; impressions sur étoffes. Produits de la Société royale formée à la Savonnerie pour la filalure et le tissage des laines longues et lustrées.

SALLE N° 5.

(En face de la précédente et du côté de la rue Royale.)

Objets de luxe : Bronzes et dorures; Orfévrerie; Plaqué d'or et d'argent; Horlogerie; Bijouterie; Instrumens de musique; Pianos; Cristaux; Mosaïques; Molachiques; Porcelaines; Ébénisterie; Tapis; Instrumens d'optique et autres; Horloges publiques; Pendules et Montres; Chronomètres; Armes à feu et Armes blanches; Tapisseries des Gobelins et des manufactures royales de Beauvais; Lampes et Appareils d'éclairage.

L'espace que présentent les salles n° 3 et n° 4 pour le classement des objets exposés l'emporte au moins d'un tiers sur celui qu'occupaient les mêmes objets aux expositions précédentes.

On remarquera dans la cour de cette quatrième salle, un bâtiment particulier de 40 pieds environ, que M. Sallandrouze a fait construire à ses frais, et dans lequel il a exposé ses magnifiques tapis, notamment celui dont Louis-Philippe a fait l'acquisition pour la grande galerie du palais des Thuileries, et qui n'a pas moins de 80 pieds de long, sur 40 de large.

Malgré les troubles qui ont désolé la malheureuse ville de Lyon, nous n'aurons point à déplorer son absence dans cette solennité nationale. Bien que les noms des exposans soient désignés dans ce catalogue, leurs produits ne sont pas encore parvenus à Paris; mais ils ne tarderont pas à arriver. Nous apprenons que M. Duchâtel, ministre du commerce, a donné l'ordre de construire dans la cour de la 2e salle un cinquième pavillon, où seront placés les produits lyonnais. MM. les exposans se félicitent de cette mesure, qui accroît encore de beaucoup l'étendue du terrain consacré à l'exposition de 1834.

CATALOGUE.

CATALOGUE

DES PRODUITS

DE L'INDUSTRIE FRANÇAISE.

NOMS ET DEMEURES

DES

FABRICANS ET DES ARTISTES

ADMIS A L'EXPOSITION.

Nos MM.

1 *Grondart* et *Geslin*, à Paris, rue Jean-Robert, n. 17: Tubes métalliques, tôle et cuivre.

2 *Mignard-Billinge*, à Belleville, boulevart de la Chopinette, n. 26: Tréfilerie d'acier fondu, fer et cuivre. Médaille en bronze en 1823, médaille en argent en 1827.

3 *Quenedey* (demoiselle), à Paris, rue Neuve-des-Petits-Champs, n. 15: Papier glacé et Pains à cacheter. Médaille en bronze en 1823, rappel en 1827.

4 *Jodot*, à Paris, rue du Cherche-Midi, n. 43: Dessins de machines et broderies; Carte industrielle du département du Nord.

5 *Manuel* et *Macaigne*, à Paris, rue Neuve-Saint-Eustache, n. 5: Châles-cachemires français et indiens.

6 *Robert* (*Emile*), *Babeuf et compagnie*, à Paris, rue de la Harpe, n. 11: Brosses et Pinceaux pour la peinture.

N°s MM.

7 *Goyon* (*Jean-Baptiste*), à Paris, rue Richer, n. 20 : Produits chimiques pour la conservation des objets mobiliers. Citation honorable en 1827.

8 *Menier et compagnie*, à Paris, rue des Lombards, n. 37 : Substances pulvérisées et Chocolats.

9 *Nast* (*Henri-Jean*), à Paris, rue des Amandiers-Popincourt, n. 14 : Porcelaines. Médaille en or en 1819; rappel en 1823 et 1827.

10 *Bacot* (*Auguste*), à Paris, rue de la Monnaie, n. 26 : Couvertures de laine, coton et soie. Médaille en argent en 1823; rappel en 1827.

11 *Houdaille* (*François-Nicolas*), à Paris, rue Saint-Martin, n. 171 : Bijoux dorés et de deuil. Mention honorable en 1827.

12 *Dutron* (*Jean-Baptiste*), à Paris, rue Saint-Denis, n. 345 : Rubans.

13 *Aucoc* (*Jean-Baptiste-Casimir*), à Paris, rue Saint-Honoré, n. 154 : Nécessaires. Médaille en argent en 1806; rappel en 1819, 1823 et 1827.

14 *Bulaine* (*Alexis-Charles*), à Paris, rue du Faubourg-du-Temple, n. 93 : Orfévrerie plaquée. Médaille en bronze en 1827.

15 *Amoros*, à Paris, rue Jean-Goujon, n. 6 : Machines et Instrumens de gymnastique.

16 *Fayard*, à Paris, quai d'Austerlitz : deux Peso-stères, un Fardier préservateur.

17 *Bernardel*, à Paris, rue Croix-des-Petits-Champs, n. 23 : deux Violons, un Alto, deux Basses. Mentionné honorablement en 1827.

18 *Chaillot*, à Paris, rue Saint-Honoré, n. 338 : quatre Harpes. Mentionné honorablement en 1823; médaille en bronze en 1827.

19 *Veyrat* (*Jean-François*), à Paris, rue de la Tour, n. 10 : Orfévrerie en argent, Vaisselle doublée sur cuivre, plaqué sur fer. Médaille en bronze en 1827.

N°s MM.

20 *Beugé (Georges-Nicolas)*, à Paris, rue des Vieux-Augustins, n. 64 : Presses à cachets, à timbre sec et à copier. Médaille en bronze en 1823.

21 *Vayson (Joseph-Maximilien)*, à Paris, rue d'Anjou-Saint-Honoré, n. 9 : Tapis de tout genre et Moquettes.

22 *Veyrat et Morel*, à Paris, rue de la Vieille-Draperie, n. 5 : Mosaïque et Pierres fines sur bijoux.

23 *Pleyel (Camille)*, à Paris, rue Bleue, n. 5 : six Pianos et deux harpes. Médaille en or en 1827.

24 *Thonnelier (Nicolas)*, à Paris, rue des Gravilliers, n. 30 : Presses typographiques; deux Presses monétaires. Médaille en bronze en 1827.

25 *Wolf (François)*, à Paris, rue des Bourguignons, n. 43 : trois Jalousies pour croisées.

26 *Verdier (Pierre-Louis)*, à Paris, rue Notre-Dame-des-Victoires, n. 40 : Etoffes imperméables et Instrumens de chirurgie.

27 *Bignon (Jean-Baptiste)*, à Paris, rue du Faubourg-Saint-Martin, n. 64 : deux Panneaux peints imitant les bois d'ébénisterie.

28 *Jacoubert (Simon-Théodore)*, à Paris, quai Malaquais, n. 15 : Plan gravé de la ville de Paris en cinquante-quatre feuilles.

29 *Lainé (Pierre)*, à Paris, rue de Paradis, n. 10 (Marais) : Gélatine. Mentionné honorablement en 1827.

30 *Le même* : Engrais.

31 *Niot (Louis-Sébastien)*, à Paris, rue Mandar, n. 10 : douze Tournebroches.

32 *Delarue (Fortuné-Benjamin)*, à Paris, rue du Monceau-Saint-Gervais, n. 6 : Taillanderie et Outils. Médaille en bronze en 1827.

33 *Gouré jeune (Benjamin)*, à Paris, rue Neuve-Saint-Eustache, n. 8 : Châles-cachemires. Mentionné honorablement en 1827.

Nos MM.

34 *Thilorier* et *Serrurot*, à Paris, rue du Bouloi, n. 4 : Lampes hydrostatiques. Médaille en bronze en 1827.

35 *Adler* (*Frédéric*), à Paris, rue Mandar, n. 8 : un Basson, une Clarinette, une Flûte, un Hautbois. Mentionné honorablement en 1827.

36 *Pasquet* (*Charles-Barth.-J.*), à Paris, rue de la Verrerie, n. 4 : Rouge pour l'horlogerie.

37 *Levaillant* (*Michel-Frédéric*), à Paris, rue Vieille-du-Temple, n. 27 : Produits médicinaux, Sulfate de quinine et Sels d'opium. Médaille en bronze en 1827.

38 *Bellangé* (*Alexandre*), à Paris, passage Saulnier, n. 8 : Ebénisterie. Médaille en argent en 1827.

39 *Leger* (*Légé*), à Paris, rue Percée-Saint-André-des-Arts, n. 11 : Fonderie et Stéréotypie. Médaille en bronze en 1817; médaille en argent en 1823, et rappel en 1827.

40 *Jacotier* (*Louis-François*), à Paris, rue Saint-Antoine, n. 178 : Reliure et reproduction de gravures sur peau.

41 *Tardieu jeune*, à Paris, place de l'Estrapade, n. 34 : Gravures de cartes géographiques. Mentionné honorablement en 1827.

42 *Manon*, à Paris, rue des Enfans-Rouges, n. 18 : Planches et Bocaux à bouteilles.

43 *Micheletz* (*Paul-Constant*), à Paris, rue de Sèvres, n. 159 : Cotons à coudre, à broder, Rubans et Lacets. Médaille en argent en 1827.

44 *Crespin* (*Eugène*), à Paris, place des Victoires, n. 1 : Châles-cachemires.

45 *Robert et compagnie*, à Paris, rue du Chemin-Vert, n. 12, : Roues de voitures.

46 *Delarue* (*Théophile*), à Paris, rue Notre-Dame-des Victoires, n. 16 : Lithographies.

47 *Faure*, fils aîné, à Paris, rue des Orfèvres, n. 2 : Teintures sur laines.

48 *Starck*, à Paris, rue des Cordiers, n. 14 : Caractères pour l'imprimerie et l'ornement.

Nos MM.

49 *Jacquinet*, à Paris, rue Grange-Batelière, n. 19 : trois Cheminées de différens modèles. Mentionné honorablement en 1827.

50 *Tiret et compagnie*, à Paris, rue des Fossés-Montmartre, n. 19 : Châles indoux, châles en bourre de soie, brochés en laine, fond en laine.

51 *Pierce*, à Paris, rue Bourtibourg, n. 12 : Instrumens de mathématiques.

52 *Everat* (*Adolphe-Auguste*), à Paris, rue du Cadran, n. 16 : Typographie. Première application de nouveaux caractères typographiques, gravés à l'effet d'imprimer en gros caractères des éditions compactes.

53 *Geslin* (*Benjamin*), à Paris, rue Saint-Martin, n. 98 : Lits, Rampes; Devantures de boutique en tubes de fer recouverts de cuivre.

54 *Foy*, à Paris, place de l'Hôtel-de-Ville, n. 8 : Dessins pour tapis, gaze, dentelles et étoffes.

55 *Fleulard*, à Paris, rue Monsigni, n. 3 : deux Pantriteurs, Machine à broyer.

56 *Lelogé* (*Pierre*), à Paris, rue Neuve-Saint-Etienne, n. 16 : trois Fontaines filtrantes et Filtres.

57 *Gibaut* (*Jean-Baptiste*), à Paris, rue Charlot, n. 43 : trois Pianos.

58 *Muller* (*Théodore-Achille*), à Paris, rue Ville-l'Evêque, n. 42 : Pianos et Harpes éoliennes. Mentionné honorablement en 1827.

59 *Chamouton* (*Nicolas*), à Paris, rue du Monceau-Saint-Gervais, n. 13 : Outils de forge.

60 *Bergeron* (*Pierre-Benoît*), à Paris, rue Saint-Denis, passage du Grand-Cerf : Machines orthopédiques et corsets en tissu de gomme élastique.

61 *Chabert* (*Hippolyte*), à Paris, rue Montmorency, n. 14 : Meubles et nécessaires.

62 *Mussard* (*Emile*), à Paris, rue Neuve-Saint-Eustache, n. 34 : un Piano.

Nos MM.

63 *Travers*, à Paris, rue Richer, n. 2: Châssis en tôle brisée.

64 *Osmond (A.-L.)*, à Paris, boulevart Saint-Denis, n. 14 : Sonnettes, Grelots, Timbres, Carillons. Mentionné honorablement en 1827.

65 *Herzag (Jean)*, à Paris, r. du Parc-Royal, n. 4 : Meubles.

66 *Legey (Armand-Numa)*, à Paris, rue de l'Université, n. 48 : Instrumens de mathématiques et Mécaniques.

67 *Claës (François-Auguste)*, à Paris, rue Saint-Paul, n. 5 : Meubles, une Commode, un Secrétaire, une Couchette.

68 *Taurin, jeune*, à Paris, rue d'Antin, n. 12 ; deux pianos.

69 *Lassalle* et *Belloc*, à Paris, rue Saint-Dominique-Saint-Germain, n. 25, Cheminées à foyer mobile.

70 *Toussaint, père et fils*, à Paris, rue du Gros-Chenet, n. 2 : Batistes et Linons imprimés.

71 *Desouches*, à Paris, rue Bourbon Villeneuve, n. 43 : Lits ployans et lits en fer.

72 *Werdet*, à Paris, rue de Bondy, n. 22 : Calligraphie, Manuel d'écriture cursive.

73 *Gaussin (François)*, à Paris, place Victoire, n. 2 : Châles-cachemires.

74 *Barthélemy*, à Paris, Palais-Royal, n. 112 : Pierres précieuses factices. Médaille en bronze en 1823. Rappel en 1827.

75 *Dervillé (Augustin-Nicolas)*, à Paris, rue Saint-Guillaume, n. 29 : Meubles.

76 *Leturc*, à Paris, rue de Miromesnil, n. 37 : Calorifère.

77 *Tuigny frères*, à Paris, rue des Mauvaises-Paroles, n. 17 : Tissus de coton.

78 *Farcot*, à Paris, rue Neuve-Sainte-Geneviève, n. 22 : diverses Machines et Plans. Médaille en bronze en 1827.

79 *Trotry-Latouche*, à Paris, rue Notre-Dame-de-Nazareth, n. . Bonneterie orientale, Impression de draps en relief.

N°s MM.

Médaille en bronze en 1823. Médaille en argent en 1827.

80 *Lecoq (Hippolyte)*, à Paris, rue Saint-Antoine, n. 65, Ornemens en cuivre estampé.

81 *Ledard (Constant)*, à Paris, rue de Glatigni, n. 6 : Tapis en fourrures de peaux de chats.

82 *Leroux-Dufié*, à Paris, rue Blanche, n. 17 : Machines à l'usage des raffineries de sucre.

83 *Marion-Bourguignon*, à Paris, passage de l'Opéra : Imitation de pierres précieuses.

84 *Autroche*, à Paris, rue Aumaire, n. 46 : Veilleuses en cuivre.

85 *Phelippon*, à Vaugirard, rue de Sèvres, n. 14 : Cuirs à rasoirs.

86 *Sana, née Tissot*, à Paris, rue Saint-Denis, cour Saint-Chaumont : Fleurs artificielles. Mentionnée honorablement en 1827.

87 *Bourdon (Eugène)*, à Paris, rue de Vendôme, n. 12 : Modèles de machines et Appareils en verre.

88 *Peysant dit Tison*, à Paris, rue des Noyers, n. 8 : Papiers marbrés.

89 *Guilbert*, à Paris, rue Neuve-Saint-Martin, n. 14 : Peignes en écaille.

90 *Muller (Frédéric-Guillaume)*, à Paris, rue Coquenard, n. 24 : Reliure de livres.

91 *Barraud*, à Paris, rue Saint-Honoré, n. 263 : Coutellerie. Citation honorable en 1827.

92 *Dolfus, Huguenin et Compagnie*, à Paris, rue des Jeûneurs, n. 1 *bis* : Impressions sur soie, laine et coton.

93 *Voisin, Ovide et Compagnie*, à Paris, rue Neuve-Saint-Augustin, n. 32 : Plomb coulé en table et Modèle de fourneau. Mention honorable en 1827.

94 *Chemin (Pierre-Isidore)*, à Paris, rue de la Ferronnerie, n. 4 : Balances et poids. Mention honorable en 1819.

N°s MM.

95 *Schultz (François-Joseph)*, à Paris, rue Saint-André-des-Arts, n. 12 : Tapis en pelleterie et fourrures.

96 *Julien et Compagnie*, à Paris, rue de la Vieille-Monnaie, n. 9: Produits chimiques. Médaille en bronze en 1827.

97 *Panier (Joseph)*, à Paris, rue de Cléry, n. 9 : Couleurs fines pour peintures.

98 *Musseau (Pierre)*, à Paris, faubourg Saint-Antoine, n. 103 : Limes. Médailles en or en 1827.

99 *Chelu (Pierre-Dominique)*, à Paris, rue de Miromesnil, n. 35: Modèles de coupe et de Charpente.

100 *Henri*, à Paris, rue Saint-Martin, n. 99 : Instrumens à cordes, Violons.

101 *Richard (Pierre)*, à Paris, rue Austerlitz, n. 22 : Menuiserie, portes et fenêtres sans ferrures.

102 *Conville (Laurent)*, à Paris, rue de Grammont, n. 3 : Blonde en soie blanche et noire.

103 *Chambellan et Duclos*, à Paris, rue des Fossés-Montmartre, n. 8 : Châles-cachemires.

104 *Fanon (Jean-Louis)*, à Paris, rue Montmartre, n. 172: une boite d'emballage avec mécanisme pour chapeau de femme.

105 *Journault (Julien)*, à Paris, rue Michel-Lecomte, n. 33 : Cisailles.

106 *Hallé (Louis)*, à Paris, rue Bailleul, n. 7 : Sculpture en papier collé.

107 *Mentzer (Louis-Xavier)*, à Paris, rue des Fossés-Saint-Victor, n. 12 : Mortiers à l'usage de la pharmacie. Médaille en bronze en 1823. Rappel en 1827.

108 *Ardit*, à Paris, rue Neuve-des-Petits-Champs, n. 29 : Impressions lithographiques.

109 *Toussaint*, à Paris, rue Saint-Nicolas d'Antin, n. 49 : Serrureries, armoires, coffre-forts, serrures. Médaille en bronze en 1823. Rappel en 1827.

110 *Rouyer*, à Paris, rue du Petit-Lion-Saint-Sauveur, n. 18 : Imitation de perles fines. Mentionné honorablement en 1827.

Nos MM.

111 *Saint-Etienne* (*François-Xavier*), à Paris, rue du Chevet-Saint-Landry, n. 1 : Appareils propres à l'extraction de la fécule de pommes de terre, Bluteur et Extracteur.

112 *Demilly et Motard*, à Paris, rue du Dauphin-Rivoli, n. 1 : Bougie de tout calibre.

113 *Hachette et Compagnie*, à Paris, rue Coquenard, n. 40 : Peinture émaillée sur pierre de lave, dessus de table, cheminées.

114 *Ambroise* (*Joseph-Alexandre*), à Paris, rue de la Chaussée d'Antin, n. 22 : Douze Chapeaux.

115 *Vallon* (*Pierre*), à Paris, passage de l'Opéra : n. 23 : Coutellerie. Citation en 1827.

116 *Grus* (*Jean-Joseph*), à Paris, rue Saint-Louis (Marais), n. 60 : Pianos. Mentionné honorablement en 1827.

117 *La Prévotte* (*Étienne*), rue de Richelieu, n. 10 : Instrumens à cordes, six violons, quatre guitares. Médaille en bronze en 1827.

118 *Klein père et fils*, à Paris, rue du faubourg Saint-Antoine, n. 95 : Outils de menuiserie et Ébénisterie.

119 *Féron*, à Paris, rue de Clichy, n. 29 : Mains courantes de rampes.

120 *Duplessis*, à Paris, rue Sainte-Anne, n. 34 : Deux instrumens pour prendre la mesure de la tête.

121 *Goëbel*, à Paris, rue de la Perle, n. 8 : Ebénisterie, paniers de fantaisie.

122 *Institution des jeunes aveugles*, à Paris, rue Saint-Victor, n. 68 : Divers objets de fabrication.

123 *Lebec*, à Paris, rue des Bons-Enfans, n. 22 : Rouet pour filature du lin et du chanvre.

124 *Richard*, à Paris, rue Grenier-Saint-Lazare, n. 31 : Bijoux de deuil. Médaille en bronze en 1827.

125 *Troost*, à Paris, rue du Temple, n. 112 : Fils et tissus en cachemire.

126 *Grivelet fils*, à Paris, rue Saint-Honoré, n. 159 : Fourrures et tapis.

N°s MM.

127 *D'Ocagne et fils*, à Paris, rue Neuve-des-Petits-Champs, n. 35 : Dentelles et Mousselines. Médaille en argent, en 1819. Rappel en 1823 et 1827.

128 *Bourbouze*, à Paris, rue de la Tixeranderie, n. 29 : Machines électriques et autres instrumens de physique.

129 *Lucas*, à Paris, rue Basse du Rempart, n. 18 : Papillons naturels fixés sur glace. Mentionné honorablement en 1827.

130 *Scotti*, à Paris, passage du Saumon, n. 56 : Bandages herniaires, ceintures, etc.

131 *Jolly* et *Godard*, à Paris, rue de Cléry, n. 11 : Batistes et Linons en blanc et imprimés.

132 *Gautier*, à Paris, rue de la Roquette, n. 46 : Jaune de Naples pour les fabriques de faïence.

133 *Desormes* (*François*), à Paris, rue Cloche-Perche, n. 16 : Ruches.

134 *Terwangue veuve*, et *Fournier*, à Paris, rue du Croissant, n. 20 : Batistes et Mouchoirs écrus, blancs et imprimés.

135 *Janet* (*Jules*), à Paris, rue des Trois-Bornes, n. 1 : Orseille.

136 *Berthier*, à Paris, rue Sainte-Croix-de-la-Bretonnerie, n. 38 : Couvertures.

137 *Mulot*, à Epinay (Seine) : Sonde pour forer les puits artésiens. Mentionné honorablement en 1827.

138 *Vuillaume*, à Paris, rue Croix-des-Petits-Champs, n. 46 : Violons, Altos, Contre-Basses et Archets.

139 *Pepin*, à Paris, quai de la Gare-d'Ivry : Graines décortiquées.

140 *Tirrard*, à Paris, rue de la Paix, n. 11 : Ornemens d'architecture et de sculpture en carton-pierre.

141 *Sanson*, à Paris, rue de l'École-de-Médecine, n. 30 : Bras mécanique, Instrumens de chirurgie et coutellerie.

142 *Malagon*, *Désirabode*, à Paris, Palais-Royal, n. 154 : Mécanisme dentaire, Dents minérales, Dents d'Hippopotames.

N°s MM.

143 *Vallon*, à Paris, passage de l'Opéra, n. 33 : Appareils économiques pour la cuisson des alimens.

144 *Haize* (*Félix*), à Paris, faub. St-Martin, n. 98 : Pétrin mécanique et Pompe à injection.

145 *Laurent*, à Paris, rue d'Antin, n. 6 : Espagnolette dite Crémaillère.

146 *Blanchard* (*Louis-René*), à Paris, rue des Gravilliers, n. 37 : Collection d'outils à l'usage des selliers. Médaille en bronze en 1827.

147 *Bernhardt*, à Paris, rue Saint-Maur, n. 17, faub. du Temple : Pianos. Médaille en bronze en 1827.

148 *Herbelot, fils* et *Genet Dufay*, à Grenelle (Seine) : Foulards de soie.

149 *Guerre* (*Georges*), à Paris, rue Bethisi, n. 10 : Clarinette, Flûte, Flageolet. Mentionné honorablement en 1827.

150 *Kurtz*, à Grenelle (Seine) : Teintures sur soie et coton, Tissus en bottes. Médaille en argent en 1827.

151 *Saint-Paul*, à Paris, rue des Filles-du-Calvaire, n. 11 : Tissus métalliques. Médaille en bronze en 1819. Médaille en argent en 1823.

152 *Duvernoy*, à Paris, rue de Montmorency, n. 4 : Piano dit Harmonica, et autres petits instrumens.

153 *Roger* (*Jean-Nicolas*), à Paris, place du Panthéon : de cuivre et d'acier tirées au blanc.

154 *Bourguignon*, à Paris, rue Pierre-Levée, n. 15 : Moulures en marbre.

155 *Thomas*, à Paris, rue St-Denis, n. 101 : Pianos, dont 1 vertical.

156 *Hornez*, à Paris, rue de la Planche, n. 16 : Peintures pour bâtimens, Portes, pilastres, 1 fût de colonne.

157 *Vallin*, à Paris, rue St-Antoine, n. 3 : Objets en marbre.

158 *Bouhardet*, à Paris, rue de Bondi, n. 66 : Billard.

159 *Moussier*, à Paris, rue des Fossés-Montmartre, n. 27 : Service de table en alliage.

Nos MM.

160 *Tesson* frères, à Paris, rue Guérin-Boisseau, n. 5 : Huiles de pied de bœuf, de mouton, de colle-forte, et ergots de pied de bœuf en feuilles. Mentionné honorablement en 1827.

161 *Prot* (*Nicolas*), fils aîné, à Paris, passage Choiseul, n. 79 : Paravents en décors.

162 *Rimbaut* (*Jean-Baptiste-Désiré*), à Paris, rue St-Pierre-Montmartre, n. 15 : Papiers de tentures.

163 *Faure* (*mademoiselle Emilie*), à Paris, rue St-Pierre-Montmartre, n. 15 : Fleurs artificielles.

164 *Hébert* (*Frédéric*), et comp., à Paris, rue du Mail, n. 13 : Châles. Médaille en argent en 1827.

165 *Robert* (*Henri*), à Paris, Palais-Royal, galerie Valois, n. 164 : Pendules à horloge.

166 *Barbier* (*Achille*), à Paris, Chaussée Ménilmontant, n. 81 : Papier de verre.

167 *Cordier Lalande* et *Deffieux*, à Paris, rue des Gravilliers, n. 5 : Lampes et Bras de cheminée.

168 *Roger*, à Paris, rue de Seine-Saint-Germain, n. 32 : Pianos.

169 *Duchemin*, frères et comp., à Paris, rue Neuve-Saint-Médard, n. 27 : Modèles de poterie de terre, Briques, etc.

170 *Eck* (*Charles-Louis-Gustave*), à Paris, rue de Belle-Chasse, n. 26 : Dessins de machines, Modèle.

171 *Masson* (*Antoine-Paulin*), à Paris, rue de Richelieu, n. 40 : Chocolat.

172 *Burat frères*, à Paris, rue Mandar, n. 12 : Bandages herniaires.

173 *Lagrange* (*François-Étienne*), à Paris, rue du Roule-Saint-Honoré, n. 16 : Bougie diaphane et chandelle.

174 *Pupil* (*Edmond*), à Paris, rue des Bourguignons, n. 23 : Limes. Médaille en bronze en 1819. Citation honorable en 1827.

175 *Guigardet* (*Cléomède-Michel*), à Paris, rue Vieille-du-

Nos MM.

Temple, n. 147: Coutellerie. Mentionné honorablement en 1827.

176 *Méricant* (*Jean-Baptiste*), à Paris, quai des Ormes, n. 20: Coutellerie. Mentionné honorablement en 1827.

177 *Huzar* (*Charles-Claude*), à Paris, rue de Grenelle-Saint-Honoré, n. 51: Portefeuilles, pupitres, etc.

178 *Gavard* (*Jacques-Dominique-Charles*), à Paris, rue Neuve-des-Petits-Champs, n. 3: Instrumens de mathématiques.

179 *Petit* (*Jean-François*), à Paris, rue Saint-Martin, n. 193: Perles fausses.

180 *Durand fils, Guillaume et Compagnie*, à Paris, rue Marie-Stuart, n. 8: Cuirs chamoisés.

181 *Berneuil* (*Jean-François*), à Paris, rue du faubourg Poissonnière, n. 118 *bis*: Modèle d'escalier garni de ses mains courantes.

182 *Delalande* (*Jean*), à Paris, rue de Valois-Batave, n. 2: Broderie.

183 *Le Paul* (*Camille-Romain*), à Paris, rue de la Paix, n. 2: Caisses en forme de secrétaire, serrures, cadenas. Médaille en bronze en 1827.

184 *Videcoq et Courtois*, à Paris, rue du Caire, n. 16: Blondes blanches et noires.

185 *Couteaux* (*Adolphe*), à Joinville-le-Pont (Seine): Cuirs vernis et toiles cirées.

186 *Blanchin*, à Paris, faubourg Saint-Martin, n. 98: Métiers et mécaniques.

187 *Chevalier* (*Victor*), à Paris, rue Montmartre, n. 140: Objets d'économie domestique.

188 *Hénon* (*Charles*), à Paris, rue Saint-Denis, n. 179: Peignes, billes de billard.

189 *Prévost* (*Louis-Alexandre*), à Paris, Avenue Parmentier, n. 9: Tissus mérinos et laines filées.

190 *Charlot*, à Paris, place Baudoyer, n. 5: Cordonnerie.

N°s MM.

191 *Douault* (*Jean-Baptiste-Pierre*), à Paris, passage Dauphine, n. 6 : Pierres précieuses artificielles, croisée gothique. Médaille en argent en 1827.

192 *Darbo fils*, à Paris, passage Choiseul, n. 86 : Nécessaires d'allaitement, biberons.

193 *Ducoudré* (*Casimir*), à Paris, rue du Roi-de-Sicile, n. 27. Prussiate de potasse, bleu de Prusse et bleu français.

194 *Delaforge* (*Charles-Barthélemy*), à Paris, rue de Pontoise, n. 10 : Soufflets, forges, machines soufflantes. Mentionné honorablement en 1827.

195 *Delondre* (*Auguste*), à Nogent-sur-Marne (Seine) : Produits chimiques.

196 *Champion* (*François*), à Paris, rue du Mail, n. 18 : Tissus imperméables. Médaille en bronze en 1827.

197 *Gache* (*François-Henri*), à Paris, rue Michel-Lecomte, n. 27 : Registres, presses à copier.

198 *Chardin* (*Alphonse*), à Paris, rue Saint-Denis, n. 175 : Soies à coudre, à broder.

199 *Lombardot* (*François-Lucien*), à Paris, rue du Petit-Pont, n. 25 : Poinçons et matrices pour la typographie.

200 *Bonnet* (*Virgile*), à Paris, boulevard Montmartre, n. 34 *bis* : Plan de Paris, d'après les dessins de M. Jacoubert.

201 *Soleil* (*François*), à la Chapelle-Saint-Denis (Seine) : Phares et instrumens d'optique. Médaille en argent, en 1823. Rappel en 1827.

202 *Soleil* (*Jean-Baptiste*), à Paris, rue de l'Odéon, n. 35 : Instrumens d'optique.

203 *Gaigneau frères*, à Paris, rue Meslay, n. 12. Laines filées.

204 *Delafontaine* (*Pierre*), à Paris, rue de l'Abbaye, n. 10, Bronzes.

205 *Yver* (*Prosper*), à Paris, rue du Gros-Chenet, n. 2 *bis* : Guingamps.

206 *Savouré frères*, à Choisy-le-Roi (Seine) : Ruches et cloches.

N^os MM.

207 *Chevalier* (*Charles*), à Paris, Palais-Royal, n. 163: Microscope et autres objets d'optique. Médaille en bronze en 1827.

208 *Arnould* (*Jean-Louis*), à Paris, rue des Fossés-Montmartre, n. 7, Châles cachemires.

209 *Gaudais* (*Jacques-Augustin*), à Paris, rue du Ponceau, n. 42: Orfévrerie plaquée.

210 *Roth* et *Bayvet*, à Paris, rue du Temple, n. 101. Appareil évaporatoire.

211 *Eggly Roux*, à Paris, rue des Fossés-Montmartre, n. 4: Tissus unis brochés et imprimés. Médaille en argent en 1827.

212 *Deneirouse*, à Paris, rue des Fossés-Montmartre, n. 16: Châles et tissus. Médaille en or en 1827.

213 *Pouillet* (*Charles-Auguste*), à Paris, rue Saint-Dominique, n. 211: Appareils de chauffage.

214 *Marion* (*Michel-Auguste*), à Paris, rue des Fossés-Saint-Germain-des-Près, n. 23: Tapisseries en relief.

215 *Petit* (*Jean-Claude-Adrien*), à Paris, rue de la Juiverie, n. 3: Clyso-Pompe.

216 *Le même*, Modèle de bains de pied.

217 *Sallandrouze-Lamornaix*, à Paris, boulevard Poissonnière, n. 23: Tapis. Médaille en argent en 1802; Rappel en 1819, 1823 et 1827.

218 *Bresson* (*Claude-Jean*), à Paris, rue Saint-Denis, n. 180: Cotons filés pour la bonneterie et la passementerie.

219 *Chevalier* (*Jules-Gabriel-Augustin*), à Paris, à la Tour de l'horloge du Palais: Instrumens d'optique. Médaille en bronze en 1827.

220 *Delaporte frères*, à Paris, rue des Deux-Portes-Saint-Sauveur, n. 18: Dés à coudre. Mentionné honorablement en 1827.

221 *Henri aîné* (*Philibert-Paulin*), à Paris, rue Poissonnière, n. 13: Lits en fer.

N.^os MM.

222 *Henri aîné* (*Philibert-Paulin*) : Tapisserie pour meubles. Médaille en argent en 1827.

223 *Chenal* (*Jean-Marie*), à Paris, rue Planche-Mibray, n. 6 : Couleurs en tablettes.

224 *Auger* (*Charles-Alexandre-Désiré*), à Paris, rue du Monceau-Saint-Gervais, n. 8: Peintures sur tôle. Mentionné honorablement en 1827.

225 *Selligue* (*Alexis-François*), à Paris, passage de Petites-Écuries, n. Machines et dessins de machines.

226 *Mention* et *Charles Wagner*, à Paris, rue du Mail 1 : Orfévrerie niellée.

227 *Arnheiter* et *Petit*, à Paris, rue Childebert n. 13 : Instrumens d'agriculture. Mentionné honorablement en 1827.

228 *Robillier* (*Louis*), à Paris, rue de la Monnaie. n, 9 : Horlogerie.

229 *Morin*, à Paris, rue neuve Saint-Augustin, n. 20 : Appareils économiques.

230 *Bertin* (*Prosper-Placide*), à Paris, faubourg Saint-Martin, n. 226 : Modèle de théâtre.

231 *Domény* (*Louis-Joseph*), à Paris, faubourg Saint-Denis, n. 82 : Pianos et Harpes. Médaille en argent en 1827.

232. *Guiton* (*Joseph*), à Paris, rue des Vieux-Augustins, n. 58 : Cirage.

233 *Armbrutter* (*Romain*), à Paris, passage du Commerce n. 27 : Limes. Mentionné honorablement en 1827.

234 *Vincent* (*Jean-Baptiste*), à Paris, passage Sainte-Croix de la Bretonnerie, n. 6: Savon à détacher.

235 *Caralat* et *Grancour*, à Paris, galerie Colbert, n. 4: Lampes hydrauliques.

236 *Guerber*, à Paris, faubourg Saint Denis, n. 1 : Pianos.

237 *Verreaux* (*Jacques-Louis*), à Paris, rue Jean-Robert, n 26: Modèles de toiture en zinc.

238 *Lamotte* (*Gilbert*), à Paris, rue du faubourg Montmartre, n. 4: Garderobes.

Nos MM.

239 *Beauvais* (*Edme*), à Paris, rue Grétry, n. 5 : Pianos.

240 *Ducomun*, à Paris, boulevard Poissonnière, n. 6 : Filtres de charbon.

241 *Raingo frères*, à Paris, rue de Tourraine, n. 8 (Marais) : Bronzes. Mentionné honorablement en 1827.

242 *Cattois* (*Pierre*), à Paris, rue Grenier-Saint-Lazare, n. 14 : Escalier en fer.

243 *Roumestant jeune*, à Paris, rue Montmorency, n. 10 : Registres, Encres, Cires et Presses à copier.

244 *Harel*, à Paris, rue de l'Arbre-Sec, n. 50 : Fourneaux et autres appareils économiques. Médaille en argent en 1819. Rappel en 1823 et 1827.

245 *Le même* : Réveils et Tournebroches.

246 *Bosquillon* (*Armand-Samson*), à Paris, rue neuve Saint-Eustache, n. 13 : Châles et Tissus, Cachemires. Médaille en or en 1823. Rappel en 1827.

247 *Houbloup* (*Louis-Nicolas*), à Paris, rue Dauphine, n. 22 : Lithographie.

248 *Antiq*, à Paris, rue d'Enfer, n. 101 : Modèles de bateau, Machine soufflante, Moulins. Médaille en bronze en 1827.

249 *Plandeur* (*Jacques-Joseph*), à Paris, faubourg Poissonnière, n. 5 : Fusils et Pistolets.

250 *Thibaudet*, à Paris, rue Saint-Jacques, n. 25 : Tampons pour timbre.

251 *Perier*, *Edwards*, *Chapet et compagnie*, à Paris, quai de Billy, n. 4 : Machines à vapeur.

252 *Huret*, à Paris, rue Castiglione, n. 3 : Caisses, Coffres en fer. Médaille en argent en 1819. Rappel en 1823 et 1827.

253 *Rabouam* (*André*), à Paris, rue de Grenelle Saint-Honoré, n. : Parapluies, Cannes.

254 *Jambon*, à Paris, rue Culture-Sainte-Catherine, n. 8 Machines planétaires.

255 *Bontemps* (*Georges*), à Choisy-le-Roi (Seine) : Crist-

N°s MM.

Verres à vitres. Médaille en argent en 1823. Rappel en 1827.

256 *Pavy* (*Eugène*), à Paris, rue des Fossés-Montmartre, n. 5 : Cordages et Tapis en aloës et agavé.

257 *Pinat* (*Noël*), à Paris, rue Quincampoix, n. 62 : Moules en fer-blanc pour la pâtisserie.

258 *Valis* (*Antoine-Constant*), à Paris, rue du Temple, n. 71 : Perles fausses.

259 *Spiegelhater*, à Paris, place Vendôme, n. 26 : Objets de peausserie. Mentionné honorablement en 1827.

260 *Hiolle* (*Arthur-Auguste*), à Paris, rue Meslay, n. 37 : Queues de billard.

261 *Possot*, à Paris, rue des Vinaigriers, n. 19 : Fils et Tissus cachemires.

262 *Hendenlang*, fils aîné, à Paris, rue des Vinaigriers, n. 15 : Fils et Tissus cachemires. Médaille en argen en 1819. Médaille en or en 1823. Rappel en 1827.

263 *Gaillard* (*Nicolas-Marie*), à Paris, rue St-Denis, n. 228 : Toiles métalliques. Médaille en argent en 1823. Rappel en 1827.

264 *Huault* (*Benoît*), à Paris, rue des Ménestriers, n. 6 : Chapeaux teints.

265 *Lupain* et *Painparé*, à Paris, rue de Grenelle-St-Honoré, n. 15 : Spécimen d'impressions en nouveaux caractères dits typographiques.

266 *Godefroy* aîné, à Paris, rue Montmartre, n. 67 : Instrumens à vent. Mentionné honorablement en 1823. Médaille en bronze en 1827.

267. *Grandin* et *Duclos Blerzy*, à Paris, rue du faub. Montmartre, n. 33 : Imitation de bronze en carton-pierre.

268 *Poirier* (*Laurent*), à Paris, faub. Saint-Martin, n. 59 :
2. Presses à copier et à timbrer.

23 269 *Grenier* (*Antoine*), à Paris, rue de la Calandre, n. 54 : Tournebroches.

238 L. *Violard*, à Paris, rue de Choiseul, n. 2 (*bis*) : Blondes et Dentelles.

Nos MM.

271 *Krinen*, à Paris, rue St-Denis, n. 398 : Instrumens à vent.

272 *Huet* (*Jean-Louis-Antoine*), à Paris, rue Neuve-des-Capucines, n. 5 : Pompes à incendie.

273 *Texier*, à Paris, rue St-Honoré, n. 348 : Graveur.

274 *Doderet* (*François*), à Paris, rue des Fossés-St-Germain-l'Auxerrois, n, 14 : Broderie.

275 *Sir-Henri*, à Paris, place de l'École-de-Médecine, n. 6. Acier damassé, Coutelleries. Médaille en argent en 1827.

276 *Rignoux*, à Paris, rue des Francs-Bourgeois-St-Michel, n, 8 : Caractères d'imprimerie. Mentionné honorablement en 1827.

277 *Brisset* (*Pierre-Denis*), à Paris, rue des Martyrs, n. 12: Presses lithographiques. Mentionné honorablement en 1827.

278 *Honoré* (*Édouard*), à Paris, boulevart Poissonnière, n. 4 : Porcelaines. Mentionné honorablement en 1827.

279 *Fredly*, à Paris, faub. St-Denis, n. 88 : Bas de soie et de fil.

280 *Douinet*, à Paris, rue Neuve-St-Eustache, n. 29: Châles-cachemires. Médaille en bronze en 1823. Rappel en 1827.

281 *Le même* : Châles français.

282 *Pape*, à Paris, rue de Valois, n. 10 : Piano. Médaille en argent en 1823. Rappel en 1827.

283 *Junot*, à Paris, rue Neuve-St-Eustache, n. 6 : Châles cachemires.

284 *Laurent* (*Claude*), à Paris, Palais-Royal, n. 65 : Instrumens à vent. Médaille en argent en 1806. Médaille en bronze en 1819.

285 *Société* des mines royales de Villefort et Violat, à Paris, rue Jacob, n. 11 : Céruse.

286 *Fournier* frères, à Paris, rue Neuve-St-Eustache, n. 6 : Châles cachemires.

Nos MM.

287 *Behr* (*Auguste-Henri*), à Paris, rue de Limoges, n. 11 : Sculpture en ivoire.

288 *Hulot Larminet* et *Prat*, à Paris, rue Saint-Sauveur, n. 12 : Tulles brodés. Médaille en 1823. Rappel en 1827.

289 *Cochery* (*Charles-Adolphe*), à Paris, rue Dauphin, n. 12 : Brosses et Pinceaux.

290 *Pihet* (*Pierre-Auguste*), avenue Parmentier, n. 3 : Métiers, Machines et Armes. Médaille en bronze en 1823. Médaille en argent en 1827.

291 *Leiris* (*Jean-Jacques*), à Paris, rue Neuve-Chabrol, n. 5 : Moulures et Châssis en tôle. Médaille en bronze en 1823 Rappel en 1827.

292. *Delaroche* fils, à Paris, rue du Bac, n. 42 : Cheminées en fonte, Tôle et Cuivre. Citation honorable en 1827.

293 *Anrès* (*Hippolyte*), à Paris, rue Mauconseil, n. 20 : Bijouterie en perles fausses.

294 *Thibaut*, à Paris, rue Neuve-St-Eustache, n. 36 : Châles et Tissus laine et soie.

295 *Pfeffel*, à Paris, rue Thévenot, n. 13 : Pianos. Médaille en argent en 1823. Rappel en 1827.

296 *Lerolle*, à Paris, Chaussée des Minimes, n. 1 : Bronzes. Les dessins des deux cheminées sont de M. Pelagi de Milan.

297 *Auzou*, à Paris, rue du Paon, n. 8 : Pièces anatomiques en carton pierre. Ces pièces sont exposées au Conservatoire des arts et métiers, salle Saint-Martin.

298 *Bourguoin*, à Paris, rue des Marmousets, n. 34 : Outils à l'usage des graveurs. Citation honorable en 1827.

299 *Drans* (*Bernard-J.*), à Paris, place du Louvre, n. 24 : Brosses et Pinceaux.

300 *Bordet* (*Eugène*), à Paris, rue Vieille-du-Temple, n. 51 : Étoffes de crin.

301 *Trimanche*, à Paris, rue Saint-Honoré, n. 357 : Garde-Robe. Mentionné honorablement en 1827.

N°s MM.

302 *Dida* (*Antoine*), à Paris, rue Vieille-du-Temple, n. 123 : Casques. Citation honorable en 1827.

303 *Vanneret* (*Louis*), à Paris, boulevard Poissonnière, n. 14 ; Socques.

304 *Guérin* (*Antoine-François*), à Paris, rue de la Tixeranderie, n, 32 : Lettres et Ornemens en bois découpés à la scie.

305 *Galle* (*André*), à Paris, rue de la Chaise, n. 10 ; Chaînes sans fin.

306 *Cordeilhac*, à Paris, rue du Roule, n. 4 : Coutellerie. Médaille en bronze en 1823 ; médaille en argent en 1827.

307 *Simier* (*Alphonse*), à Paris, rue Saint-Honoré, n. 152 : Reliûres. Médaille en argent en 1823 ; rappel en 1827.

308 *Laigniel*, à Paris, rue Chanoinesse, n. 12 : Modèles et portions de chemins de fer.

309 *Lupot* et *Gosset*, à Paris, quai de la Grève, n. 34 : Gravûres pour les doreurs sur peaux.

310 *Marolles*, à Paris, rue Neuve-Saint-Gilles, n. 5 : Modèle de machine à battre et à cribler les grains.

311 *Charoy* (*Nicolas-François*), à Paris, faubourg du Temple, n. 124 : Fusées sans baguettes, Porte-Lances pour l'artillerie, Torches de pompiers.

312 *Chereau* (*Pierre-Charles*), à Paris, rue des Marais, n. 47 (faubourg Saint-Martin) : Billards. Citation honorable en 1827.

313 *Mauprivez*, à Paris, cour des Petites-Écuries, n. 67 : Appareils pyrotechniques.

314 *Kriegstin* et *Arnaud*, à Paris, rue des Petites Écuries, n. 27 : Piano carré.

315 *Legay* (*Pierre*), à Paris, faubourg du Temple, n. 35 : Billards et Meubles.

316 *Tabouret* (*Jacques*), à Paris, quai d'Austerlitz, n. 35 : Appareils catadioptriques. Médaille en bronze en 1827.

N°ˢ MM.

317 *Malizard* (*Jean-Baptiste*), à Paris, faubourg Saint-Denis, n. 105 : Baignoire et Pompe-borne.

318 *Dietz et Hermann*, à Paris, rue Charenton, n. 102 : Machine à vapeur et Pompe à incendie. Médaille en argent en 1827.

319 *Pierron* (*Antoine*), à Paris, rue Saint-Honoré, n. 123 : Presses autographiques et lithographiques. Mentionné honorablement en 1827.

320 *Schindler*, à Paris, rue de Seine Saint-Germain, n. 23 : Vieux Habits remis à neuf, et Draps teints en pièce.

321 *Cluesman*, à Paris, rue Favart, n. 4 : Pianos. Mentionné honorablement en 1827.

322 *Guillaume*, à Paris, faubourg Saint-Martin, n. 99 : Moulin à farine.

323 *Lemoine* (*Pierre*), à Paris, rue Notre-Dame-de-Nazareth, n. 7 : Fusils de chasse.

324 *Leperdriel* (*François-Marie*), à Paris, faubourg Montmartre, n. 78 : Produits pharmaceutiques.

325 *Maréchal* (*Marie-Benoît*), à Paris, rue Notre-Dame-de-Nazareth, n. 8 : Joaillerie en strass. Mentionné honorablement en 1823; rappel en 1827.

326 *Spens* (*Henri Joseph*), rue Neuve-des-Petits-Champs, n. 13 : Modèles de calligraphie.

327 *Delaperrelle*, à Neuilly (Seine) : Gnomon ou Monument solaire.

328 *Voiry* (*Joseph*), à Paris, rue des Blancs-Manteaux, n. 46 : Peignes en ivoire.

329 *Collmann* (*Jean-Pierre*), à Paris, rue Saint-Honoré, n. 278 : Bottes et Claques.

330 *Saunier* (*Thomas-Marie*), à Paris, rue d'Ulm, n. 12 : Epreuves de lettres et vignettes gravées.

331 *Romagnesi*, à Paris, rue de Paradis-Poissonnière, n. 12 : Sculptures en carton-pierre. Médaille en bronze en 1823; médaille en argent en 1827.

332 *Joy* (*Amable*), à Paris, rue des Fossés-Montmartre, n. 5 : Chapeaux de castor et de soie.

N°ˢ MM.

333 *Delbare* et *Vatin*, à Paris, rue Saint-Denis, n. 186 : Gazes de soie imitant la blonde. Médaille en argent en 1827.

334 *Féau-Béchard*, à Paris, rue du Cloître Notre-Dame n. 6 : Laines teintes.

335 *Lambert* (*Jean-François*), à Paris, rue Saint-Denis, n. 144 : Lacets ferrés à la mécanique.

336 *Chagot* frères, à Paris, rue Saint-Denis, n. 317 : Plumes et Fleurs.

337 *Fortin* (*Auguste-Télémaque*), à Paris, rue Grenelle-Saint-Honoré, n, 47 : Plumets.

338 *Hoyau*, à Paris, rue Saint-Martin, n. 120 ; Verre, Pierre, Métaux dressés à la mécanique.

339 — *Le même* : Agrafes pour robes de femme.

340 *Latire* (*René*), à Paris, rue de la Verrerie, n. 54 : Savons de toilette et de ménage.

341 *Engelman* et *comp.*, à Paris, cité Bergère, n. 1. Lithographie. Médaille en argent en 1823 ; rappel en 1827.

342 *Godefroy* (*Pierre*), à Paris, rue Montmartre, n. 46 : Flûtes et Flageolets. Médaille en bronze en 1827.

343 *Julien* (*veuve*), à Paris, faubourg Poissonnière, n. 1 : Poudre pour la clarification des vins, et Ustensiles propres à leur manutention. Médaille en argent en 1827.

344 *Deboullé* (*Antoine*), à Vaugirard (Seine) : Souliers sans couture.

345 *Lefèvre* (*Simon*), rue Saint-Honoré, n. 221 : Clarinettes. Mentionné honorablement en 1823 ; médaille en bronze en 1827.

346 *Laurent* (*Jean-Baptiste*), à Paris, rue Saint-Denis, n. 204 : Boutons à queue flexible.

347 *Flamet* (*Jean-Louis*), à Paris, rue des Arcis, n. 25 : Bretelles et Jarretières élastiques.

348 *Lesache* (*Jean-Jacques*), à Paris, Palais-Royal, n. 164 : Presses à timbre sec et Gravures sur métaux.

N°ˢ MM.

349 *Santot*, à Paris, rue Monsieur-Leprince, n. 1 : Chapeaux de soie.

350 *Bert* (*Julien*), à Paris, rue Richelieu, n. 31 : Appareils pour bains de vapeur.

351 *Gardien*, à Paris, place de l'Ecole, n. 6 : Chapeaux de feutre et de soie.

352 *Cosnau*, à Paris, rue Saint-Denis, n. 302 : Tournebroches.

353 *Coiret* (*Laurent*), à Paris, rue de la Grande-Truanderie, n. 43 : Peignes et objets en fer imitant l'écaille.

354 *Joanne*, à Paris, rue de Berry, n. 12 : Lampes dites *astéares*.

355 *Pincebourde*, à Paris, boulevart Montmartre, n. 71 : Peinture sur verre.

356 *Mayrand*, à Paris, rue Sainte-Croix, n. 12 : Chapeaux en soie.

357 *Vallet-Cornier*, à Paris, rue de la Chaussée-des-Minimes, n. 3 : Bronzes, Galerie de cheminée, et Frises pour meubles. Mentionné honorablement en 1827.

358 *Jarnier* et *Chirol*, à Paris, rue de Montmorency, n. 38 : Bijoux en perle brodés sur nacre.

359 *Quesnel* (*Etienne*), à Paris, rue de Provence, n. 42 : Tableaux, Toiles graphiques, Ardoises des écoles primaires d'enseignement mutuel.

360 *Dutremblay* (*Alexis*), à Paris, rue Richelieu, n. 89 : Objets de lithographie, notamment trois Croisées.

361 *Bastien*, à Paris, rue de Bussy, n. 16 : Globes terrestres et célestes.

362 *Lemoro* fils (*Eugène-Nicolas*), à Paris, rue du Marché-Palu, n. 20 : Peinture imitant les bois de marqueterie.

363 *Lépine* (*Claude*), à Paris, rue Neuve-Chauchat, n. 5 : Caloripède.

364 *Barbel-Dubé*, à Paris, rue Saint-Denis, n. 380 : Cristaux, Pendules, Vases, un service de table.

Nos MM.

365 *Bucher* (*Louis-Antoine*), à Paris, boulevart Montmartre, n. 16 : Broderie sur canevas.

366 *Bevalet*, à Paris, rue du Chevalier-Duguet, n. 4 : Souliers et Claques.

367 *Bonnaire* et *Delacretat*, à Paris, rue Barre-du-Bec, n. 4 : Produits chimiques.

368 *Pottier* (*Louis*), à Paris, rue des Charbonniers, n. 9 : Soufflets désinfecteurs.

369 *Lange-Desmoulins*, à Paris, rue du Roi-de-Sicile, n. 32 : Vermillon, jaune de chrôme et laque.

370 *Butte* (*Nicolas-Louis*), à Paris, rue de Berry, n. 12 : Bronzes, Pendules et Groupes.

371 *Breton* (madame), à Paris, faubourg Montmartre, n. 24 : Biberons et Mamelons. Médaille en bronze en 1827.

372 *Dieudonnat* (*Jean*), à Paris, rue Fontaine-au-Roi, n. 39 : Maillons de verre pour les fabriques. Médaille en bronze en 1827.

373 *Debarre* (*Jean-Denis*), à Paris, rue Mauconseil, n. 5 : Gazes de soie.

374 *Vinken*, à Paris, rue Saint-Honoré, n. 515 : Fontaines à thé et Bouillottes.

375 *Chandezon* jeune, à Paris, rue Charlot, n. 4 : Service de table et autres objets en plaqué.

376 *Deschamps* (*Louis-Charles*), à Paris, rue Saint-Jacques, n. 67 : Vignettes pour la typographie. Mentionné honorablement en 1827.

377 *Delangre* (*Laurent-Amable*) à Paris, quai d'Anjou, n. 7 : Anti-crotte.

378 *Buron*, à Paris, rue Saint-Avoie, n. 53 : Instrumens d'optique.

379 *Favrel* (*Auguste*), à Paris, rue du Caire, n. 30 : Or et argent en feuilles, poudre et coquilles.

380 *Treppoz* (*Benoist*), à Paris, place des Victoires, n. 7 : Coutellerie, Acier de Damas. Médaille en bronze en 1823; rappel en 1827.

381 *Saulnier*, à Paris, rue Saint-Ambroise, n. 5 : Machine

N°s MM.

à vapeur, Laminoir, Garnitures de cardes et Planches d'acier gravées. Médaille en argent en 1827.

382 *Brocot* (*Louis-Gabriel*), à Paris, rue d'Orléans, n. 15, au Marais : Objets d'horlogerie. Médaille en bronze en 1827.

383 *Hebert* (*Jean-Baptiste*), à Paris, rue Neuve-Saint-Laurent, n. 18 : Objets dits *petits bronzes*.

384 *Nepveu* (*Auguste-Nicolas*), à Paris, passage des Panoramas, n. 26 : Authorama et Ciclorama.

385 *Lesage* (*Pierre-Augustin*), à Paris, rue Ménilmontant, n. : Tours et Filières.

386 *Charlat*, à Paris, rue Vivienne, n. 12 ; Blondes.

387 *Delatour* (*Urbain*), à Paris, rue des Quatre-Vents, n. 18 ; Objets appartenant à un système de communication d'idées, sous le nom d'*oigraphie*.

388 *Vallon* (*Antoine*), à Paris, galerie Vérot-Dodat, n. 24 : Coutellerie. Citation honorable en 1827.

389 *Lerebours* (*N.-J.*), à Paris, place du Pont-Neuf, n. 13 : Instrumens d'optique. Médaille en or en 1823; rappel en 1827.

390 *Delport* aîné, à Paris, rue Guérin-Boisseau, n. 24 : Papiers dorés et gauffrés pour cartonnages.

391 *Breuzin*, à Paris, rue des Saints-Pères, n. 16 : Eolipiles-réchauds.

392 *Croco* (*François*), à Paris, rue de Paradis-Poissonnière. n. 30 (bis) : Tissus de laine.

393 *Erard* (*Pierre-Orphée*), à Paris, rue du Mail, n. 13 : Pianos, Orgues et Harpes. Médaille en or en 1827.

394 *Gauthier* jeune, à Paris, rue des Fontaines-du-Temple, n. 4 : Bijoux de deuil.

395 *Louis* (*Louise*), à Paris, rue de l'Eperon, n. 9 : Fleurs en cire.

396 *Mayer* (*Ernest-Henri-Louis*), à Paris, rue Saint-Honoré, n. 6 : Gravures sur bois.

N°s MM.

397 *Petrement*, à Paris, cour du Commerce, n. 24 : Rivets en fer et en cuivre.

398 *Belissent*, à Paris, rue Saint-Honoré, n. 262 : Flûtes. Mentionné honorablement en 1823 ; rappel en 1827 :

399 *Gandillot* frères et *Roy*, à Paris, rue Petrelle, n. 5 et 7 : Meubles en fer creux laminé.

400 *Manceau*, à Paris, rue du Temple, n. 61 : Brouettes et siéges d'aisances.

401 *Souffleto* (*François*), à Paris, boulevart Saint-Denis, n. 4 : Piano.

402 *Lemarquant* (*Prosper*), à Paris, rue du Ponceau, n. 35 : Pièce d'horlogerie.

403 *Quinet* (*Louis-Antoine*), à Paris, rue Jean-Pain-Mollet, n. 27 : Marbrerie avec incrustation. Mentionné honorablement en 1827.

404 *Chameroy* (*Augustin*), à Paris, faubourg Saint-Martin, n. 76 : Orgue expressif et Piano.

405 *Richard* et *Quesnel*, à Paris, rue des Enfans-Rouges, n. 13 : Statues, bustes et vases en bronze.

406 *Jouffroy*, née *Posson* (la marquise de), à Paris, rue de Verneuil, n. 5 : Porte avec son chambranle et Table en marqueterie.

407 *Isoard* (*Mathieu-François*), rue Vieille-du-Temple, n. 101 : Piano, Accordyon et Cimbales.

408 *Barthélemy* jeune, à Paris, rue de la Lanterne, n. 2 : Pois à cautère.

409 *L'Homond* (*Nicolas*), à Paris, rue Coquenard, n. 44 : Appareils de chauffage. Mentionné honorablement en 1827.

410 *Picnot* (*Alexandre*), à Paris, rue des Fossés-Montmartre ; n. 10 : Bronzes dorés.

411 *Cordier*, à Paris, rue de Cléry, n. 3 : Café torréfié par un procédé particulier.

412 *Pozcheron* (*Gaspard*), passage Choiseul, n. 16 : Farines de châtaignes, de marrons, Semoule de riz.

N°s MM.

413 *Millet* (*André*), à Paris, passage Saulnier, n. 4 *bis*, Appareils de chauffage. Citation honorable en 1827.

414 *Pommet* (*Gérard*), à Paris, rue de Bourgogne, n. 21 : Meubles.

415 *Langrenez*, à Paris, rue Saint-Louis, n. 16 : Piano.

416 *Hildebrand* (*Nicolas*), à Paris, rue Saint-Martin, n. 202 : Cloches, Sonnettes, Timbres et Cymbales. Médaille en bronze en 1823; rappel en 1827.

417 *Chappée* (*Guillaume-Édouard*), à Paris, rue du Hasard, n. 4 : Teintures et Apprêts, Châles reteints.

418 *Wisnick-Domère*, à Paris, rue Neuve des Bons-Enfans, n. 5 : Broderies au plumetis.

419 *Chomeau* (*Léonard*), à Paris, rue Quincampoix, n. 63 : Chocolats.

420 *Weynen*, à Paris, rue Neuve Saint-Marc, n. 10 : Plumes, Styles métalliques.

421 *Roche* (*Michel-Louis*), à Paris, rue Neuve Saint-Gilles, n. 8 : Pendules et piédestaux, en marbre incrusté.

422 *Bovard* (*Samuel*), à Paris, rue Neuve des Bons-Enfans, n. 9 : Un Mouvement de pendule.

423 *Jansen* (*Antoine-César*), à Paris, rue l'Évêque, n. 14 : Une Clarinette à rouleaux.

424 *Blanchard* (*François*), à Paris, rue des Gravilliers, n. 45 : Chaînettes pour remplacer les rubans de jalousies.

425 *Mutin* (*Jean-Baptiste*), à Paris, quai Bourbon, n. 25 : Eau pour fixer le pastel.

426 *Gérard* (*Hubert-Joseph*), à Paris, rue Saint-Antoine, n. 195 : Outils d'affutage.

427 *Devaux* (*François-Honoré*), à Paris, boulevart Montmartre, n. 18 : Socques.

428 *Polino* frères, à Paris, rue Poissonnière, n. 21 : Laines filées. Médaille en argent en 1827.

429 *Lemarchand* (*Louis-Édouard*), à Paris, rue des Tournelles, n. 17 : Meubles. Citation honorable en 1823.

430 *Rousset* (*Charles-Guillaume*), à Paris, rue Guérin-

N°s MM.

Boisseau, n. 45 : Cardes métalliques. Médaille en bronze en 1827.

431 *Lesvêque (Jean-Pierre)*, à Paris, petite rue Saint-Pierre, n. 8 : Modèle de pompe à double corps et à un seul corps.

432 *Mossat (Jean-Baptiste)*, rue de la Monnaie, n. 7 : Coutellerie.

433 *Poinsignon*, à Paris, rue de Bondy, n. 76 : Peigne en corne imitant l'écaille.

434 *Sahnée* frères, à Paris, rue Contrescarpe-Saint-Antoine, n. 5 : Vernis et Laques.

435 *Wallet* et *Hubert*, à Paris, rue Porte-Foin, n. 3 : Ornemens en carton-pierre. Médaille en bronze en 1823.

436 *Piedanna*, à Paris, rue Neuve-Saint-Eustache, n. 44 : Châles et Tissus. Médaille en bronze en 1827.

437 *Victor (Constance)* (Mademoiselle), rue du Caire, n. 29 : Blanchissage et Apprêts de blondes et crêpes.

438 *Lion*, à Paris, quai de l'Horloge, n. 63 : Boutons en nacre.

439 *Parquin* et *Pauwels*, à Paris, rue Popincourt, n. 74 : Fontaines, Théières, Réchauds en cuivre bronzé.

440 *Parquin (Théodore)*, à Paris, rue Popincourt, n. 74 : Service de table et autres objets en plaqué. Médaille en argent en 1827.

441 — *Le même.* — Chaudronnerie.

442 *Lioche (Charles-Louis)*, à Paris, rue Meslay, n. 4 : Portefeuilles. Citation honorable en 1827.

443 *Barbou*, à Paris, rue Montmartre, n. 8 : Pièces de serrurerie.

444 *Lefébure* et *sœurs*, à Paris, rue Cléry, n. 42 : Dentelles de fil et Blondes de soie.

445 *Delporte (Jean-Joseph)*, à Paris, rue de Marivaux, n. 4 : Coutellerie.

446 *Cartulat (Simon) et compagnie*, à Paris, rue de la Chaussée d'Antin, n. 1 : Papiers peints.

N°s MM.

447 *Battier*, à Paris, rue Saint-Jean-de-Beauvais, n. 29 : Outils pour battre l'or et Or battu.

448 *Wagner (Bernard-Henri)*, à Paris, rue du Cadran, n. 39 : Horloges et Mécanisme de lampes. Médaille en argent en 1819, 1823 et 1827.

449 *Mader* (veuve), à Paris, rue de Montreuil, n. 1 : Papiers peints. Mentionné honorablement en 1827.

450 *Blechschmidt*, à Paris, place Royale, n. 16 : Découpures pour meubles.

451 *Chevalier (Louis Victor)*, à Paris, quai de l'Horloge, n. 77 : Baromètres de différens modèles.

452 *Jeannest (Louis François)*, à Paris, rue Boucherat, n. 18. Bronze doré. Médaille en bronze en 1827.

453 *Hénon fils aîné*, à Paris, rue Chapon, n. 5 : Peignes. Médaille en bronze en 1827.

454 *Kautier (Pierre)*, à Paris, rue Saint-Maur, n. 84 : Bijouterie en acier.

455 *Jeandet (Manuel)*, à Paris, rue du Cimetière Saint-Nicolas, n. 12 : Bijouterie en cuivre.

456 *Poarchasse (Jean-François)*, à Paris, place Dauphine, n. 15 : Vis cylindriques.

457 *Chabanne (Maurice-Antoine)*, à Paris, rue du Grand-Hurleur, n. 25 : Tabletterie en ivoire.

458 *Bellet (Jacques-Joseph)* à Paris, rue du Cadran, n. 40 : Casier à bouteilles.

459 *Chesle (Denis-François)*, à Paris, rue de la Montagne-Sainte-Geniève, n. 24 : Gravures sur cuivre pour la typographie. Citation honorable en 1827.

460 *Grégoire (G.)*, à Paris, rue Charonne, n. 47 : Velours chinés imitant la peinture. Médaille en argent en 1819, 1823 et 1827.

461 *Baumann*, à Paris, rue de la Montagne-Sainte-Geneviève, n. 24 : Planches et épreuves de gravures pour la reliure.

462 *Favreau*, à Paris, rue de la Bûcherie, n. 4 : Presse à fabriquer le papier. Mentionné honorablement en 1827.

463 *Laporte (Dominique)*, à Paris, rue des Filles-Saint-

N°s MM.

Thomas, n. 20 : Coutellerie. Citation honorable en 1823 ; médaille en bronze en 1827.

464 *Tard* (*Antoine*), à Paris, rue Saint-Jacques, n. 309 : Ornemens d'architecture en métal.

465 *Plataret* et *Payen*, à Paris, rue Pavée, n. 9, au Marais : Tissus en soie pour meubles, Chapellerie et Vêtemens.

466 *Kolziker*, à Paris, rue Neuve-des-Petits-Champs, n. 101 : Bottes, Claques et Socques.

467 *Hulot* (*Louis*), à Monceaux (Seine) : Muriate et Sulfate d'ammoniac.

468 *D'Aiguebelle* (*Charles*), à Paris, rue Neuve-Guillemin, n. 18 : Gravures homographiques.

469 *Greiling* (*Jean-Henri*), à Paris, quai de la Cité, n. 33 : Instrumens de chirurgie. Médaille en bronze en 1827.

470 *Jecker* (*François-Antoine*), à Paris, rue de Bondy, n. 48 : Instrumens d'optique et de marine. Médaille en argent en 1819, 1823 et 1827.

471 *Thibault*, à Paris, rue Barre-du-Bec, n. 3 : Cire à cacheter. Mentionné honorablement en 1827.

472 *Touron*, à Paris, rue de Richelieu, n. 108 : Coutellerie. Médaille en bronze en 1827.

473 *Poulet* (*Charles*), à Paris, rue Saint-Martin, n. 171 : Bandages, Suspensoirs et Instrumens en gomme élastique.

474 *Dombrowski* et *Gaiewki*, à Paris, rue Saint-Honoré, n. 343 : Lampes.

475 *Elaud* (*Benjamin-Claude*), à Paris, barrière de Belleville, n. 41 : Etoffes de crin. Mentionné honorablement en 1827.

476 *Gillet*, à Paris, rue de Charenton, n. 41 : Rasoirs. Médaille en argent en 1827.

477 *Lelong* (*Alphanse-Edouard*), à Paris, rue du Temple, n. 49 : Chaînes dorées. Médaille en bronze en 1823 ; Rappel en 1827.

N°s MM.

478 *Fichtenberg* (*Salomon*), rue des Bernardins, n. 34 : Papiers de fantaisie et crayons. Mentionné honorablement en 1827.

479 *Zegelaar*, à Paris, rue de la Corderie, n. 1, au Marais : Cires à cacheter.

480 *Fichtenberg* (*Elisabeth, demoiselle*), à Paris, rue des Bernadins, n. 34 : Broderies sur canevas.

481 *Picard* (*Nicolas-Barnabé*), à Paris, rue Frépillon, n. 22 : Ferblanterie.

482 *D'Arcet*, à Paris, hôtel de la Monnaie : Echantillons de bleu égyptien.

483 *Flamand* (*Pierre*), à Paris, rue Saint-Jacques, n. 105 : Modèle de théâtre.

484 *Viennot* (*Jean-Louis*), à Paris, boulevart Saint-Martin, n. 18 : Cheminées, Poêles et Appareils kapnofuges.

485 *Godain*, aux Batignoles (Seine) : Viandes desséchées, Teinture pour les cheveux, et Poudre pour les dents.

486 *Pichenot*, à Paris, passage de l'Opéra, n. 16 : Nécessaires.

487 *Barrau*, à Paris, rue Neuve-des-Petits-Champs, n. 20 : Semoir et Sarcloir.

488 *Dulery*, à Paris, rue Tiquetonne, n. 17 : Briques de différentes formes.

489 *Jacquet*, à Paris, rue Tiquetonne, n. 17 : une Pendule à secondes.

490 *Despréaux* et *Malteste*, à Paris, boulevart Saint-Denis, n. 14 : Fours pour les boulangers.

491 *Chavepeyre* (*Etienne*), à Paris, rue Montmartre, n. 38 : Fourneau économique.

492 *Ravoux*, à Paris, rue de la Calandre, n. 55 : Outil à refendre les roues pour horlogerie.

493 *Margoz*, père et fils, à Paris, rue Ménilmontant, n. 21, Tour, Arbre de tour, Essieu et Etau.

494 *Castera*, à Paris, rue Marie-Stuart, n. 6 : Appareil de secours contre l'incendie, et Machines de sauvetage,

N^os MM.

495 *Stoltz* et *comp.*, rue Coquenard, n. 22 : Pompes rotatives.

496 *Blondeau* (*Antoine*), à Paris, rue de la Paix, n. 19 : Pièces d'horlogerie. Mentionné honorablement en 1827.

497 *Pinsonnière*, à Paris, rue Vivienne, n. 24 : Ornemens en cuivre, estampés et fondus.

498 *Journet* (*Pierre*), à Paris, chemin de Ronde, barrière des Martyrs : Modèle d'échafaudage.

499 *Simyan*, à Paris, rue de Charonne, n. 92 : Deux Instrumens de perspective dits Ogathographes.

500 *Boucneau* (*Eloi*), à Paris, boulevart Beaumarchais, n. 43 : Trois objets de marbrerie.

501 *Hamard* (*François-Auguste*), à Paris, rue des Prouvaires, n. 10 : Table de plomb laminé.

502 *Boilé*(*Auguste-Didier*), à Paris, rue d'Assas, n. 3 : Mécanique à tisser.

503 *Gotten*, à Paris, place des Victoires, n. 1: Tours et Machines à découper et Lampes : Médaille en bronze en 1823. Rappel en 1827.

504 *Wiesen*, à Paris, rue du Chaume, n. 13: Objets en marbre factice.

505 *Niot* et *Chaponnel*, à Paris, rue Mandar, n. 10 : Trois horloges. Médaille en bronze en 1827.

506 *Werner*, à Paris, rue de Babylone, n. 33: Meubles. Médaille en argent en 1823. Rappel en 1827.

507 *Lemaire* (*Demoiselle*), à Paris, rue du Roule, n. 8 : Cuirs à rasoirs. Mentionné honorablement en 1827.

508 *Cirmine* et *Cavaroc*, à Paris, rue Damiette, n. 2 : Montures de parapluies et parapluies montés.

509 *Lacarrière* (*Antoine*), à Paris, rue Vieille-du-Temple, n. 77 : Miroirs de toilette.

510 *Cartier* (*Williams*), à Paris, place de l'Odéon, n. 4 : Instrumens de chirurgie.

N°ˢ MM.

511 *Biblot* (*François*), à Paris, rue Neuve-St-Martin, n. 4: Chaudronnerie.

512 *Sassenay* (*de*), et comp., à Paris, rue Hauteville, n. 25: Mosaïques et Mastics pour couvertures horizontales.

513 *Bobillon*, à Paris, rue Michel-le-Comte, n. 18: Socques.

514 *Colletta Lefebvre*, à Paris, rue Mandar, n. 10: Tabatières. Mentionné honorablement en 1827.

515 *Dietz*, à Paris, rue Neuve-des-Capucines, n. 13: Pianos. Médaille en argent en 1827.

516 *Derosne*, à Paris, rue des Batailles, n. 7: Appareils pour la distillation, fabrication du sucre et claîçage. Médaille en argent en 1819 et 1823. Médaille en or en 1827.

517 *Marg* et *Tirel*, à Paris, rue des Vieux-Augustins, n. 61: Reliures.

518 *Durand* (*François*), à Paris, rue du Bac, n. 58: Orfévrerie.

519 *Bordier*, *Marcet* et comp., à Paris, rue Neuve-St-Elisabeth, n. 7: Appareils d'éclairage. Médaille en argent en 1823. Rappel en 1827.

520 *Silvant*, à Paris, rue de La Harpe, n. 117: Lampes.

521 *Leblond* et *Lange*, à Paris, place des Victoires, n. 4: Blondes et Tulles.

522 *Krest*, à Paris, quai de la Mégisserie, n. 34: Ustensiles de pêche. Mentionné honorablement en 1827.

523 *Bernheim*, frères, à Paris, rue d'Antin, n. 6: Huile de pieds de bœuf.

524 *Lacarrière* (*Auguste*), à Paris, rue Ste-Elisabeth, n. 3: Cuivres tirés au banc pour devantures de boutiques et ornemens.

525 *Nys* et *Langagne*, à Paris, rue de l'Orillon, n. 27: Cuirs vernis.

526 *Gorez*, à Paris, rue Montmorency, n. 1: Tabletterie.

N°s MM.

527 *Marot* (*J.-B.*), à Paris, rue St-Denis, n. 331: Parapluie et Ombrelles.

528 *Massein* dit *Bourguignon*, à Paris, rue de la Paix; n. 1: Joaillerie en strass. Mentionné honorablement en 1823. Médaille en bronze en 1827.

529 *Ameling* (*Auguste*), à Paris, passage du Saumòn, n. 65: Enseignes, Panneaux, Armoiries et Presses à copier.

530 *Legrand* (*Mathurin*), à Paris, rue du Cherche-Midi, n. 99: Specimen et Caractères d'imprimerie.

531 *Beauvisage*, à Paris, rue des Bretonvilliers, n. 2: Teintures. Médaille en argent en 1823 et 1827.

532 *Breffort*, à Paris, rue Transnonain, n. 12: Papiers de fantaisie. Mentionné honorablement en 1827.

533 *Ehrenberg*, à Paris, rue de Charonne, n. 24: Outils d'affûtage. Mentionné honorablement en 1823 et en 1827.

534 *Taffin* (*Henry-Joseph*), à Paris, rue St-Denis, n. 303: Plumes et Laines épurées.

535 *Crochet*, à Paris, rue Coquenard, n. 54: Sculptures en carton pierre.

536 *Bergeron*, à Paris, rue Ste-Croix-de-la-Bretonnerie, n. 29: Produits chimiques.

537 *Gohin*, à Paris, rue Neuve-St-Eustache, n. 24: Baromètres.

538 *Borrain* jeune, à Paris, place de la Madeleine, n. : Fourneaux économiques.

539 *Guelord*, à Paris, rue Bourg-L'abbé, n. 34: Appareil Fumigatoire.

540 *Laugier*, père et fils, à Paris, rue Bourg-L'abbé, n. 41: Savons et Parfumeries.

541 *Roux* (*Jean-Alexandre*), à Paris, rue Ancelot, n. 60: Meubles et Cadres.

542 *Holzbacher frères*, à Paris, rue Montmorency, n. 13: Nécessaires et Portefeuilles.

N^os MM.

543. *Froid* (*Jacques-François*), à Paris, rue Neuve-de-la-Fidélité, n. 26 : Limes.

544 *Peltier*, à Paris, rue Saint-Denis, n. 71 : Beurre de cacao..

545 *Paris frères*, à Paris, rue d'Anjou-Dauphine, n. 11 : Tapis.

546 *Guerin* et *Freminet*, à Paris, boulevard Beaumarchais, n. 29 : Meubles faits au tour.

547 *Taupier*, à Paris, rue Saint-Honoré, n. 319 : Autographie et Modèles d'écriture.

548 *Vauthier* (*Jean-Baptiste*), à Paris, rue Dauphine, n. 40 : Coutellerie. Mentionné honorablement en 1827.

549 *Lacroix frères*, et *Laroche*, à Paris, rue Dauphine, 20 : Papiers à lettre.

150 *Mirgon*, à Paris, rue du Bac, n. 54 : Modèles de charpente.

551 *Robin* (*François*), à Paris, rue de la Harpe, n. 10 : Compas en bois et cuivre.

552 *Rattier* et *Guibal*, à Paris, rue des Fossés-Montmartre, n. 4 : Tissus en caoutchouc.

553 *Biètre*, à Paris, rue Saint-Dominique, n. 161 : Modèles de charpente.

554 *Bourjamaux*, à Paris, quai de l'Horloge, n. 65 : Instrumens à tracer les ovales.

555 *Hottot*, à Paris, rue des Fossés-Montmartre, n. 6 : Blondes.

556 *Saunier* et *Compagnie*, à Paris, rue Salle au Comte, n. 16 : Brosses et Pinceaux.

557 *Noël* (*Guillaume*), à Paris, rue Beaubourg, n. 51 : Or, Argent et cuivre en poudre.

558 *Benoît*, à Paris, boulevard des Italiens, n. 15 : Papiers peints.

559 *Mazerolle*, à Paris, faubourg Saint-Denis, n. 16 : Chaises et Fauteuils.

560. *Bunten*, à Paris, quai Pelletier, n. 30 : Baromètres.

N°s MM.

Mentionné honorablement en 1823. Médaille en bronze en 1827.

561 *Denuelle*, à Paris, boulevard Saint-Denis, n. 18 : Porcelaines. Médaille en argent en 1819. Rappel en 1823. Médaille en bronze en 1827.

562 *Campettri* (*Denis*), à Paris, rue Bourtibourg, n. 9 : Broderies en laine sur tulles.

563 *Haueur* (*Louis*), à Paris, rue du faubourg Montmartre. n. 11 : Rubans pour la pose des tapis.

564 *Garnerey*, à Paris, rue Grange-Batelière, n. 13 : Meubles et ornemens en bois et carton-pierre. Mentionné honorablement en 1823.

565 *Garraut*, à Paris, faubourg Saint-Antoine, n. 71 : Sculptures pour meubles. Citation honorable en 1827.

566 *Tulou* (*Jean-Louis*), à Paris, rue des Martyrs, n. 27 : Flûtes.

567 *Dacheux*, à Paris, rue de la Chaise, n. : Pompe pour porter secours aux noyers.

568 *Dupré* (*Jean-Marie*), à Paris, rue du Pôt-de-Fer Saint-Sulpice, n. 14: Meubles.

569 *Beaulès*, à Paris, rue Saint-Julien, n. 4: Encre d'imprimerie.

570 *Drevault* (*Pierre-Nicolas*), à Paris, rue de la Licorne, n. 3 : Presses.

571 *Grégoire*, à Paris, rue de Charonne, hôtel Vaucanson. Plans et dessins de Machines.

572 *Gotten*, à Paris, place des Victoires, n. 1 : Lustres et Lampes. Médaille en bronze en 1823 et 1827.

573 *Benard* (*Jean-François*), à Paris, rue de l'Abbaye, n. 4; Presses lithographiques.

574 *Meunier*, à Paris, rue de la Vannerie, n. 23 : Acier ramolli.

575 *Gaveaux*, à Paris, rue Traverse-Saint-Germain, n. 15 : Mécanique pour imprimerie.

Nos MM.

576 *Rimbault*, à Paris, rue Sainte-Anne, n. 46 : Panneaux de collage.

577 *Mercier*, à Paris, rue des Lombards, n. 13 : Machine à régler le papier.

578 *Delarue*, à Paris, barrière Clichy : Lits et Meubles élastiques.

579 *Renon*, à Paris, rue Mouffetard, n. 29 : Chaussures sans couture et Peaux tannées.

580 *Debergue* et *Compagnie*, à Paris, rue des Vinaigriers, n. 13 : Métiers à filer et à tisser. Mentionné honorablement en 1827.

581 *Godeau*, à Paris, rue de Grétry n. 1 : Coffre-fort.

582 *Lachassagne*, à Paris, rue Meslay, n. 55 : Décors sur porcelaines.

583 *Gando frères*, à Paris, rue des Maçons-Sorbonne, n. 21 : Caractères typographiques.

584 *Prélat*, à Paris, rue Neuve-des-Petits-Champs, n. 103 : Fusils et Pistolets. Médaille en bronze en 1823. Rappel en 1827.

585 *Quest*, à Paris Pain de pommes de terre.

586 *Bernanda*, à Paris, quai des Orfévres, n. 32. Bijouterie, Or et Platine. Médaille en bronze en 1823. Rappel en 1827.

587 *Garnier*, à Paris, rue Garancière, n. 10 : Epreuves de caractères d'imprimerie. Mentionné honorablement en 1827.

588 *Gagneau*, à Paris, faub. St-Denis, n. 17 : Lampes, Médaille en bronze en 1819.

589 *Boche*, à Paris, faub. St-Martin, passage du Désir : Poires à poudre. Citation honorable en 1827.

590 *Rogier* (*Jean-Louis*), à Paris, rue Notre-Dame-des-Victoires, n, 16 : Tapis. Médaille en argent en 1827.

591 *Collaud*, à Paris, place du Palais-Royal, n. 241 : Pièces d'horlogerie.

N°s MM.

592 *Bonnet (Jean-Achille)*, à Paris, rue des Deux-Portes-St-Sauveur, n. 26 : Mesures sur rubans.

593 *Giraud (Jean-François)*, à Paris, rue Basse-St-Pierre, n. 2 : Tables de marbre. Médaille en bronze en 1827.

594 *Daplanil*, à Paris, rue de Grenelle-Saint-Germain, n. 59 : Reliures.

595 *De Puyot*, à Paris, rue du Marché-Palu, n. 20: Bijouterie en fer et acier damasquiné.

596 *Chéron*, à Paris, rue Neuve-des-Petits-Champs, n. 55: Objets de tour et Tabletterie. Mention honorable en 1827.

597 *Droz*, née *Alliot*, (Mme) à Paris, rue Saint-Antoine, n. 9 : Papier de verre.

598 *Collas*, à Paris, rue des Canettes, n. 14: Gravures à la mécanique.

599 *Monbarbon (François)*, à Paris, rue Ste-Anne, n. 25: Plantes en cire. Citation honorable en 1827.

600 *Audin*, à Paris, faub. St-Denis, n. 24: Objets de bonneterie.

601 *Gense* et *Lajonkaire*, à Paris, rue Meslay, n. 42 : Blanc de baleine et Bougies. Médaille en argent en 1827.

602 *Lebrun*, à Paris, quai des Orfévres, n. 40 : Objets d'orfévrerie. Médaille en argent en 1823. Rappel en 1827.

603 *Houvenel-Berger*, à Paris, rue St-Martin, n. 291: Apprêts de teinture.

604 *Gallet*, à Paris, rue du Marché-Neuf, n. 8: Gravure à la mécanique.

605 *Pons de Paul*, à Paris, rue Cassette, n. 20: Mouvement de pendule. Médaille en argent en 1819 et 1823. Médaille en or en 1827.

606 *Claude (Jean* et *Frère)*, à Paris, rue des Jeûneurs, n. 7: Dessins pour impressions de tissus.

607 *Didier* et *Jacques*, à Paris, faub. St-Honoré, n. 4: Chandelles.

608 *Sallandrouze-Lamornaix*, à Paris, boulevart Poisson-

N^os MM.

nière, n. 23 : Tapis. Médaille en argent en 1823; rappel en 1827.

609 *Rémond*, à Paris, rue du Marché-Neuf, n. 9. Planches guillochées pour la maroquinerie.

610 *Jamin (Louis-François)*, à Paris, passage de la Trinité, n. 77. Boutons en cuivre et Clous dorés.

611 *Regnier (L.-Edme)*, à Paris, rue des Mathurins-St-Jacques, n. 10 : Objets de serrurerie et mécanique. Mentionné honorablement en 1827.

612 *Noël*, à Paris, rue du Temple, n. 101 : Yeux artificiels.

613 *Trempé* et *Cruel*, à la Villette, (Seine) : Peaux teintes.

614 *Lelyon*, à Paris, rue Richelieu, n. 67 : Armes à feu.

615 *Faitot* et *comp.*, à Paris, rue Taitbout, n. 7 : Tapis.

616 *Desmons*, à Paris, rue Neuve-de-la-Fidélité, n. 7 ; Etoffes en bois et soie pour chapeaux de dames.

617 *Gombert*, à Paris, rue de Sèvres, n. 102 : Cotons retors. Médaille en argent en 1819 ; rappel en 1827.

618 *Motel*, à Paris, rue de l'Abbaye, n. 12 : Montres marines. Médaille en argent en 1827.

619 *Anglure (d') de Braux*, à Paris, faubourg St-Honoré, n. 60 : Cire à cacheter.

620 *Lefranc*, à Paris, Palais-Royal, 86 : Pièces d'orfévrerie.

621 *Milan (aîné)*, à Paris, rue de la Paix, n. 13 : Lampes. Mentionné honorablement en 1827.

622 *Ledure, Chartier* et *Viteau*, à Paris, passage Choiseul, n. 72 : Bronzes.

623 *Lacour*, à Paris, rue du Petit-Carreau, n. 32 : Modèle d'affût de canon.

624 *Gognon* et *Colhat*, à Paris, rue Neuve-Saint-Eustache, n. 23 : Châles.

625 *Pankouke*, à Paris, rue des Poitevins, n. 14 : Ouvrages typographiques. Médaille en bronze en 1827.

626 *Simonin*, à Paris, Cloître Notre-Dame, n. : Gravures,

N°s MM.

Manuscrits et autres objets d'art restaurés. Médaille en bronze en 1827.

627 *Deleuil (L.-J.)*, à Paris, rue Dauphine, n. 22 : Instrumens de physique, Balance de précision. Mentionné honorablement en 1827.

628 *Cauchois* et *Rossin*, à Paris, rue du Bac, n. 1 : Instrumens d'optique. Médaille en or; rappel en 1827.

629 *Martin*, à Paris, rue de Richelieu, n. 77 : Cristaux.

630 *Brosseux*, à Paris, Palais-Royal, n. 33 : Cachets gravés sur pierre factice.

631 *Griolet*, à Paris, rue Albouy, n, 11 : Laines filées et tissus. Médaille en argent en 1827.

632 *Quentin-Durand*, à Paris, impasse Sainte-Opportune, n. 8 : Instrumens d'agriculture. Mention honorable en 1823 et 1827.

633 *Oger*, à Paris, rue Culture-Sainte-Catherine, n. 17 : Savons. Médaille en argent en 1823 ; rappel en 1827.

634 *Thomas*, à Paris, rue de Seine-Saint-Germain, n. 5 : Cadres dorés.

635 *Motte*, à Paris, rue Saint-Honoré, n. 290 : Presse lithographique et épreuves. Médaille en argent en 1823 ; rappel en 1827.

636 *Dallut*, à Paris, Place de Grève, n. 8 : Caractères typographiques.

637 *Beve*, à Neuilly (Seine) : Dessins pour les éventaillistes.

638 *Pecqueur*, à Paris rue Traversière-Saint-Antoine, n. 18 *bis*, Chaudière, Machine à vapeur et Modèles de Machines. Médaille en argent en 1819. Médaille en or en 1823. Mentionné honorablement en 1827.

639 *Le même* : Filets à la mécanique.

640 *Dartmann*, à Paris, quai de la Mégisserie, n. 26 : Art de la coupe à l'usage des tailleurs.

641 *Cosson*, à Paris, rue Grange-aux-Belles, n. 20 : Billard. Citation honorable en 1827.

642 *Denière*, à Paris, rue d'Orléans, n. 9, (Marais) : Bronze. Médaille en or en 1827.

N^os MM.

643 *Delaruelle*, à Paris, rue du Petit Thouars, n. 20 : Crayons, Pastels et Couleurs en tablettes.

644 *Soyer*, *Jugé* et *fils*, à Paris, rue des Trois-Bornes, n. 28 ; Bronze.

645 *Delecourt*, à Paris, rue Saint-Martin, n. 161 : Bijouterie en faux.

646 *Kettenhoven*, à Paris, rue Montmartre, n. 84 : Sous-chaussure.

647 *Moullet*, à Paris, rue de Richelieu, n. 92 : Croûtes de pâtisseries.

648 *Vleminez*, à Paris, rue de Richelieu, n. 32 : Pièces dentaires.

649 *Lepage* (*Henry*), à Paris, rue de Richelieu, n. 13 : Armes. Médaille en or en 1823, Rappel en 1827.

650 *Lefèbure*, à Paris, rue de Charenton, n. 100 : Colle-forte et Gélatine. Médaille en bronze en 1827.

651 *Leclerc*, à Puteaux, (Seine) : Impressions d'indiennes.

652 *Lambert*, à Paris, rue Pierre-Levée, n. 11 : Cardes. Mentionné honorablement en 1827.

653 *Cordin-Meauzé*, à Paris, rue Mauconseil, n. 12 : Broderies.

654 *Capron* et *Boniface*, à Paris, rue des Batailles, n. 13 : Sujets momifiés, (au Conservatoire des Arts et Métiers, salle Saint-Martin.)

655 *Magni* (*Marc-Antoine*), à Paris. Machine hydraulique.

656 *Seguin*, à Paris, rue Neuve-Saint-Eustache, n. 50 : Gravure et Lithographie.,

657 *Rey*, à Paris, rue Notre-Dame-des-Victoires, n. 26 : Châles et Tissus.

658 *Lemoine*, à Paris, rue J.-J. Rousseau, n. 3 : Crayons artificiels.

659 *Descous*, *Bournhonet* et *Compagnie*, à Paris, Place des Victoires, n. : Draps.

Nos MM.

660 *Bourgoin* et *Baube*, à Paris, rue Bourg-Labbé, n. 18: Couleurs et Vernis.

661 *Mozzanino*, à Paris, rue Basse-du-Rempart, n. 18: Cheminées.

662 *Havard*, à Paris, quai de l'École, n. 22 : Garde-robes.

663 *Escalopier* (*De l'*,) à Paris, Place-Royale, n. 5) : Machines pour exercices gymnastiques.

664 *Massin*, à Paris, rue des Minimes, n. 10 : Laines, Mérinos.

665 *Warée*, à Paris, rue de Grenelle Saint-Honoré, n. 29: Deux pendules.

666 *Averty*, à Paris, rue Neuve des Mathurins, n. 10 : Couvertures en zinc et Garde-robes. Médaille en bronze en 1827.

667 *Micoud*, à Paris, rue Saint-Martin, n. 291 ; Bouteilles et autres objets en cuir.

668 *Lefaucheux*, à Paris, rue de la Bourse, n. 10 : Armes de guerre et de luxe. Mentionné honorablement en 1827.

669 *Brucheron-Pirmet*, à Paris, rue de Richelieu, n. 64: Armes.

670 *Delebourse*, à Paris, rue Coquillère, n. 30 : Armes. Médaille en bronze en 1827.

671 *Lefaure*, à Paris, boulevard Poissonnière, n. 9: Armes.

672 *Devisme*, à Paris, rue du Helder, n. 9: Armes.

673 *Sepherd*, à Paris, rue Neuve des Petits-Champs, n. 66: Garde-robes.

674 *Hugonet*, à Paris, rue du Temple, n. 19 *bis*: Mécaniques à la Jacquart.

675 *Biette*, à Paris, rue d'Orléans, n. 4: Couverture en zinc.

676 *Chevalier jeune*, à Paris, quai de l'Horloge, n. 69 : Instrumens d'optique. Mentionné honorablement en 1819. Citation honorable en 1823, et Médaille en argent. en 1827.

677 *Wagner* (*Jean*), à Paris, rue du Cadran, n. 50: étro-

nomes, Horloges, Tournebroches et Mécaniques. Médaille en argent en 1827.

678 *Youf*, à Paris, boulevart Saint-Martin, n. 43 : Meubles. Médaille bronze en 1827.

679 *Kruines*, à Paris, quai de l'Horloge, n. 61 : Microscopes.

680 *Colombel*, à Paris, rue de la Barillerie, n. 15 : Tours à portraits.

681 *Robert*, à Paris, rue du Coq-Héron, n. 3 *bis* : Armes de guerre et de luxe.

682 *Chastagnac*, à Paris, boulevart Montmartre, n. 16 : Lampes. Citation honorable en 1827.

683 *Crapelct*, à Paris, rue de Vaugirard, n. 9 : Ouvrages typographiques. Médaille en argent en 1827.

684 *Breguet neveu* et *Compagnie*, à Paris, quai de l'Horloge, n. 79 : Pendules, Montres et Chronomètres. Médaille en or en 1827.

685 *Colville*, à Paris, rue des Vinaigriers, n. 24 : Couleurs pour porcelaines et émaux.

686 *Lamy* (*Henri*), à Paris, rue de la Vannerie, n. 67 : Baignoires et autres objets en zinc et fer-blanc.

687 *Philippe*, à Paris, rue Château-Landon, n. 17 : Machines.

688 *Jaminet*, à Paris, rue du Four-Saint-Germain, n. 26 : Fontaines filtrantes.

689 *Danvers*, à Paris, rue Chabanais, n. 4 : Appareil de sadatorium.

690 *Constantin*, à Paris, rue des Trois-Canettes, n. 5 : Presse à vermicelle et Presse à graines.

691 *Buffet*, à Paris, rue des Francs-Bourgeois, n. : Piano.

692 *Leysen*, à Paris, rue Taitbout, n. 3 : Objets de tour.

693 *Fischer*, à Paris, impasse Guémenée : Meubles.

694 *Endès* (*Jean-Jacques*), à Paris, rue Neuve des Mathurins, n. 45 : Piano.

Nos MM.

695 *Bell-Martin père et fils*, à Paris, rue Saint-Denis, n. 356: Piano.

696 *Trintzius*, à Paris, faubourg Montmartre, n. 71 : Piano.

697 *Hiolle*, à Paris, rue Beautreillis, n. 13 : Meubles.

698 *Biet* (*L. L.*), à Paris, passage du Grand-Cerf, n. 7 : Machines pneumatiques, Lampes et Pompes.

699 *Kieffer*, à Paris, rue Royale Saint-Honoré, n. 8 : Piano.

700 *Mercier*, à Paris, rue Basse Saint-Pierre-Amelot, n. 4 : Piano.

701 *Naveau*, à Paris, place Saint-Sulpice, n. 8 : Cordes en soie pour instrumens.

702 *Raoult* (*Auguste-Simon*), à Paris, rue Montmartre, n. 133 : Piano.

703 *Palluy* (*Hubert-Félix*), à Paris, passage de la Trinité, n. 65 ; Lampes et Soufflets.

704 *Jacob Petit*, à Paris, rue Basse Saint-Denis, n. 18 : Porcelaines.

705 *Polidor* (*Jean-François*), à Paris, rue de Sèvres, n. 45 : Bougie dite française.

706 *Rottée*, à Paris, rue Popincourt, n. 30 : Machines pour la fabrication des cardes.

707 *Berg* (*Charles-François*), à Paris, rue Saint-Antoine, n. 195 : Meubles.

708 *Laroche* (dame), à Paris, rue Neuve Saint-Étienne, n. 15 : Fourneaux, Poèles.

709 *Hesselbein* (*François*), à Paris, rue de Grenelle Saint-Honoré, n. 19 : Piano.

710 *Coliot* (*François-Alexandre*), à Paris, rue des Trois-Canettes, n. 2 : Presse mécanique et Phares.

711 *Biesta de Bonval*, à Paris, faubourg Poissonnière, n. 18 : Pièces d'horlogerie en baromètres.

712 *Herz* (*Henri*), à Paris, faubourg Poissonnière, n. 5 : Piano.

N°s MM.

713 *Delacour* (*François-René*), à Paris, impasse Condrier, n. 1 : Harpes, Violons et Guitares.

714 *Gerbeland* (*Léonard*), à Paris, rue Saint-Lazare, n. 18 : Cheminées.

715 *Pottet* (*Clément*), à Paris, rue Neuve du Luxembourg, n. 1 : Armes. Médaille en argent en 1827.

716 *Triquet*, à Paris, rue Martel, n. 6 : Piano. Mentionné honorablement en 1827.

717 *Petite-Pierre* (*De*), à Paris, rue du Four-Saint-Germain, n. 28 : Ornemens calligraphiques gravés.

718 *Bourges* (*De*) et *Broechin*, à Paris, rue de l'Abbaye, n. 4 : Presse lithographique.

719 *Bourges* (*De*), à Paris, rue de l'Abbaye, n. 4 : Vernis blanc.

720 *Nezot*, à Paris, rue de Paradis-Poissonnière, n. 42 : Boîtes, Cartons.

721 *Meynard et fils*, à Paris, faubourg Saint-Antoine, n. 52 : Meubles.

722 *Richter* (*David*), à Paris, rue Saint-Marc, n. 2 : Piano. Mentionné honorablement en 1827.

723 *Robin*, à Paris, faubourg Saint-Honoré, n. 2 : Caisses en fer.

724 *Lacour*, à Paris, rue du Petit-Carreau, n. 32 : Établi.

725 *Huard*, à Paris, faubourg Saint-Martin, n. 165 : Échantillons de sucre de betteraves.

726 *Thony et compagnie*, à Beau-Grenelle (Seine) : Fers et Aciers laminés.

727 *Delaroche*, à Paris, rue du Bac, n. 38 : Cheminées et Calorifères. Citation honorable en 1827.

728 *Lecul* (*Jean-François*), rue de la Madeleine, n. 32 : Machine à cintrer les cercles de roue.

729 *Ratisseau*, à Paris, rue Traversière-Saint-Antoine, n. 28 : Machine à broyer les couleurs.

730 *Lacoste* (*Louis*), à Paris, rue du Coq-Saint-Honoré, n. 13 : Gravures sur bois.

Nos MM.

731 *Bainée* (*Pierre-Louis*), à Paris, rue des Boulangers-Saint-Victor, n. 22 : Lits en fer.

732 *Lochette* (*Jean-Henri*), à Paris, rue Montmartre, n. 149 : Piano.

733 *Raffin* (*de*) et *Rozé*, à Paris, rue Grange-aux-Belles, n. 15 : Instrumens d'agriculture.

734 *Harez* (*Félix-Dieudonné*), à Paris, rue Coquenard, n. 41 : Cheminées.

735 *Fichet* (*Alexandre*), à Paris, rue Rameau, n. 5 : Objets de serrurerie.

736 *George*, à Paris, rue Papillon, n. 8 : une Grue

737 *Arnould*, à Paris, rue du Paon, n. 1 : Piano.

738 *Lauzin* (*Charles*), à Belleville (Seine) : Cuirs vernis. Médaille en bronze en 1823.

739 *Andrew-Best* et *Leloir*, rue des Grands-Augustins, n. 21 : Gravures sur bois et métaux. Mentionné honorablement en 1827, Andrew seulement.

740 *Triebert*, à Paris, rue Dauphine, n. 26 : Instrumens à vent. Médaille en bronze en 1827.

741 *Dumont* et *comp.*, à Paris, rue du Sentier, n. 20 : Calicots et Madapolames.

742 *Rosembert*, à Paris, rue du Chemin-Vert, n. 12 : Marbre pour table ronde.

743 *Renette* (*Albert*), à Paris, Rond-Point des Champs-Elysées : Armes. Médaille en bronze en 1823; médaille en argent en 1827.

744 *Paturle Lupin*, à Paris, rue de Paradis-Poissonnière, n. 23 : Tissus, Mérinos et Bombazines.

745 *Boutté*, à Paris, rue Saint-Honoré, n. 274 : Serrurerie,

746 *Orbelin*, à Paris, rue Meslay, n. 33 : Bijouterie en cuivre doré. Médaille en bronze en 1823 et en 1827.

747 *Fan-Zvolb*, à Paris, rue des Marais-du-Temple, n. 42 : Dorures sur bois.

748 *Marcschal*, à Paris; rue d'Orléans-Saint-Honoré,

n. 19 : Cires à cacheter. Médaille en bronze en 1823 et en 1827.

749 *Guiraud*, à Paris, rue Marsollier, n. 5 : Vitraux de couleur.

750 *Moineau* (*Auguste*), à Paris, rue de l'Egout, n. 15, au Marais : Moteur, force de trois chevaux.

751 *Déricquehem*, à Paris, rue du Colombier-Jacob, n. 18 : Godesimètre, Cronoscope solaire et régulateur.

752 *Laine*, à Paris, rue du Temple, n. 42 : Coutellerie.

753 *Mauprivez* et *Biejot*, à Paris, cour des Petites-Ecuries : Gravures et dessins.

754 *Chenard frères*, à Paris, rue Saint-Avoie, n. 41 : Chapeaux.

755 *Koska*, à Paris, rue des Vieux-Augustins, n. 28 : Piano.

756 *Frincken*, à Paris, rue des Fossés-Saint-Germain-l'Auxerrois, n. 28 : Piano.

757 *Becquet*, rue des Quatre-Fils, n. 4 : Pendule ayant pour sujet un chien de Terre-Neuve.

758 *Bataille*, à Paris, rue Saint-Maur-du-Temple, n. 17 *bis* : Instrumens aratoires.

759 *Mayer*, à Paris, rue du Sentier, n. 1 : Impressions sur Etoffes.

760 *Jacobs*, à Paris, rue de la Paix, n. 28 : Souliers, Brodequins et Sandales.

761 *André* (*Maurice*), à Paris, rue de Vendôme, n. 21 ; Décors pour porcelaines. Mentionné honorablement en 1827.

762 *Rouwens Von Cappenal* et *comp.*, rue Basse-du-Rempart, Porte Saint-Denis, n. 22 : Bouillon de Viande.

763 *Rondet* (veuve), à Paris, rue Beaubourg, n. 52 : Instrumens de chirurgie et de caoutchouc.

764 *Julienne*, à Paris, rue du Bac, n. 50 : Décors sur porcelaine.

Nos MM.

765 *Biwer*, à Paris, boulevart Beaumarchais, n. 5 : Etaux.

766 *Ducoblet*, à Paris, rue du Hasard, n. 8 : Gants.

767 *Mourot* et *Gierkais*, à Paris, rue Saint-Martin, n. 228 : Peaux teintes. Mentionné honorablement en 1827.

768 *Loichot*, à Paris, rue du Rocher, n. 6 : Meubles élastiques.

769 *Gratel*, à Paris, rue Pavée-Saint-Sauveur, n. 11 : Guitare.

770 *Deschamps*, à Paris, rue de Chabrol, n. 14 : Sculpture en carton-pierre.

771 *Dauty*, à Paris, rue Vivienne, n. 2 : Atlas.

772 *Assier* et *Pericot*, à Paris, rue des Ecouffes, n. 26 : Instrumens de physique en verre.

773 *Fouquet* aîné, à Paris, rue des Fossés-Montmartre, n. 15 : Châles. Mentionné honorablement en 1827.

774 *Saint-André*, *Poisat* et *comp.*, à Paris, rue de la Fidélité, n. 15 : Métaux affinés, Sels et Sulfates de cuivre.

775 *Dumet*, à Paris, rue des Prêtres-Saint-Germain-l'Auxerrois, n. 10 : Coffreterie pour voitures.

776 *Milius*, à Paris, rue des Blancs-Manteaux, n. 25 : Jaune de chrôme et Vert métis.

777 *Fissot*, à Paris, rue des Gravilliers, n. : Instrumens de ramonage.

778 *Denizet*, à Paris, rue Montmorency, n. 10 ; Bronzes.

779 *Fournier de Lempdes*, à Paris, rue Jacob, n. 11 ; Instrumens de chirurgie.

780 *Debain*, à Paris, rue du Renard Saint-Merry, n. 1 : Piano.

781 *Lahausse*, à Paris, faubourg Poissonnière, n. 1 : Taille-crayons.

782 *Discry*, à Paris, rue Popincourt, n. 68 : Porcelaines. Mentionné honorablement en 1827.

783 *Dénard*, à Paris, rue Sainte-Avoye, n. 42 : Meubles.

784 *Charière* (*Jean-Baptiste*), à Paris, passage St-Roch, n. 41 : Claques mécaniques.

N^os MM.

785 *Besnier du Chaussais*, à Paris, rue Feydeau, n. 30 : Pétrin mécanique.

786 *Coffy*, à Paris, rue des Fossés-Montmartre, n. 6 : Tableau pour la tenue des livres.

787 *Bugnot*, à Paris, rue de la Perle, n. 14 : Ornemens en cuivre estampé. Mention honorable en 1827.

788 *Dumont* (*Félix*), à Paris, rue de la Santé, n. 12 : Limes.

789 *Biais*, à Paris, rue du Pot-de-Fer-Saint-Sulpice, n. 14 : Ornemens d'église et Broderies. Médaille en bronze en 1827.

790 *Lafabregue*, à Paris, rue Mondétour, n. 8 : Objets et Outils de cordonnerie.

791 *Boucarut*, à Paris, rue de Cléry, n. 15 : Panneaux de peinture et Cadres dorés. Mentionné honorablement en 1827.

792 *Raymond de Montagnac*, à Paris, rue St-Guillaume, n. 20 : Chaînes pour la marine et Machines pour leur fabrication.

793 *Dujariez*, à Paris, rue Dauphine, n. 53 : Cors d'orchestre.

794 *Simon et compagnie*, à Paris, rue des Fossés-Montmartre, n. 2 : Châles et Tissus. Citation honorable en 1827.

795 *Deloge Montignac*, à Paris, rue Saint-Honoré, n. 414 : Lignes de pêche.

796 *Chevalier* et *Cartier fils*, à Paris, quai Saint-Michel, n. 25 : Sel de morue désinfecté, et Bleu d'indigo retiré des draps.

797 *Cartier fils* et *Grieu*, à Paris, rue des Cinq Diamans, n. 20 : Produits chimiques. Mentionné honorablement en 1823 ; médaille en bronze en 1827.

798 *Bollot*, à Paris, rue Bourbon-Villeneuve, n. 28 : Étoffes pour meubles.

799 *Lefranc aîné*, à Paris, rue Taitbout, n. 30 : Orfévrerie.

N°ˢ MM.

800 *Leclerc frères*, à Paris, rue Saint Lazare, n. 124 : Canons de fusils. Mentionné honorablement en 1827.

801 *Fasbender*, à Paris, rue Saint Denis, n. 368 : Garde-feux mécaniques.

802 *Simon*, à Paris, rue de Vaugirard, n. 9 : Oiseaux empaillés.

803 *Vidocq (Eugène-François)*, rue Cloche-Perche, n. 12 : Papiers et Appareils.

804 *Menuel*, à Paris, rue Cloître-Saint-Merry, n. 14 : Savons.

805 *Bosc*, à Paris, rue d'Ulm, n. 20 : Encre.

806 *Berrard*, à Paris, rue de Grenelle (Gros-Caillou), n. 156 ; Canons de fusils. Mentionné honorablement en 1827.

807 *Mouchet*, à Paris, rue du Four-Saint-Germain, n. 41 : Règles mécaniques.

808 *Pfeiffer*, à Paris, place des Victoires, n. 5 : Harpes. Médaille en argent en 1819, 1823, 1827.

809 *Saulnier*, à Paris, rue de Vaugirard, n. 57 : Machine à vapeur, Presse hydraulique. Mentionné honorablement en 1827.

810 *Wernet (Bernard)*, à Paris, rue du Bac, n. 32 : Bougies. Mentionné honorablement en 1827.

811 *Cauvin père et fils*, à Belleville (Seine) : Nécessaires.

812 *Cresson, Samson et compagnie*, à Paris, rue Hauteville, n. 41 : Instrumens de chirurgie.

813 *Draime*, à Paris, place de l'Hôtel-de-Ville, n. 9 : Appareils de chauffage.

814 *Drugeon*, à Paris, rue Phelippeaux, n. 27 : Objets en lacque.

815 *Alan*, à Paris, Champs-Élysées, n. 15 : Chapeaux.

816 *Caron*, à Paris, faubourg Saint-Denis, n. 45 : Lampes. Mentionné honorablement en 1819, 1823, 1827.

817 *Airamblé, Briot fils et compagnie*, à Paris, rue de Ri-

Nos MM.

chelieu, n. 89 : Stores, Tapis vernis. Médaille en bronze en 1827.

818 *Guerlain*. à Paris, rue de Rivoli, n. 42 : Savons de toilette.

819 *Neveux*, à Paris, rue Bourg-l'Abbé, n. 54 : Chaînes dorées.

820 *Pérès*, à Paris, faubourg Saint-Denis, n. 111 : Stores.

821 *Prugneaux*, à Paris, rue Coquenard, n. 18 : Chevalets mécaniques.

822 *Gaffé frères*, à Paris, rue Marie-Stuart, n. 9 : Préparation d'indigo et Éponges.

823 *Gobert*, à Paris, rue Servandoni, n. 13 : Impressions sur étoffes pour meubles. Cit. en 1823; rappel en 1827.

824 *Périllieux*, *Michelez*, à Paris, rue des Lombards, n. 41 : Canevas et Broderies.

825 *Lacarrière*, à Paris, rue des Fossés-Montmartre, n. 8 : Tissus croisés.

826 *Decan*, à la Chapelle Saint-Denis (Seine) : Lampes.

827 *Sargent*, à Paris, allée d'Antin, aux Champs-Élysées, n. 19 : Bois courbés, Briques et Ciment. Médaille en argent en 1823. Rappel en 1827.

828 *Garnier*, à Paris, rue des Fossés-Saint-Germain-l'Auxerrois, n. 43 : Lampes et Lustres.

829 *Cavaillé*, *Col* et *fils*, à Paris, rue Neuve-Saint-Georges, n. 14 : Orgues, Pianos et Machines.

830 *Bouju jeune*, à Paris, rue des Marais Saint-Martin, n. 43 : Noirs d'impression.

831 *Henri neveu*, à Paris, rue Saint-Honoré, n. 247 : Pièces d'horlogerie.

832 *Lemare*, à Paris, quai Conti, n. 3 : Caléfacteurs et autres appareils. Médaille en argent en 1823. Rappel en 1827.

833 *Guérin* et *Compagnie*, à Paris, rue du Marché-d'Aguesseau, n. 10. Pompe à incendie, Pompe rotative. Mentionné honorablement en 1827.

N°ˢ MM.

834 *Jeanselme*, à Paris, rue Neuve Saint-Gilles, n. 8 : Chaises et Fauteuils.

835 *Chaumont*, à Paris, rue Chapon, n. 23 : Lustres.

836 *Mortelèque*, à Paris, faubourg Saint-Martin, n. 120 : Peinture sur verre et sur lave. Médaille en bronze en 1819. Mentionné honorablement en 1823. Médaille en argent en 1827,

837 *Bobée* et *Lemire*, à Paris, Cité Bergère, n. 1 : Produits chimiques.

838 *Bonneville*, à Paris, rue Montgallet, n. 18 : Produits chimiques.

839 *Frichot*, à Paris, rue des Gravilliers, n. 42 : Objets de décors en acier et Incrustations. Médailles en or en 1823. Rappel en 1827.

840 *Lemolt*, à Paris, rue Saint-Honoré, n. 333 : Machine électrique,

841 *Paupert*, à Paris, Hôpital Saint-Louis : Modèle d'appareil d'éclairage.

842 *Allizeau*, à Paris, quai Malaquais, n. 15 : Modèles en relief pour l'étude des sciences. Mention hon. en 1827.

843 *Galle*, à Paris, rue de Richelieu, n. 89 : Bronzes, Médaille en or en 1823. Rappel en 1827.

844 *Lepaute fils*, à Paris, rue Saint-Thomas du Louvre, n. 42 : Une pendule. Médaille en argent en 1819. Rappel en 1823.

845 *Didot*, *Firmin* et *Compagnie*, à Paris, rue Jacob, n. 34 : Ouvrages typographiques et Papiers. Médaille en or en 1827.

846 *Salines de l'Est*, à Paris : Produits chimiques. Médaille en bronze en 1823. Rappel en 1827.

847 *Saint Gobin* (Manufacture de) à Paris : Glaces et Produits chimiques. Médaille en or en 1823. Rappel en 1827.

848 *Saint-Quirin* (Verrerie de) à Paris : Glaces et Verreries. Médaille en argent en 1823. Rappel en 1827.

N°s MM.

849 *Taylor*, à Beau-Grenelle, (Seine) : Appareils de forge.

850 *Bureau jeune* et *Compagnie*, à Charenton, (Seine) : Préparations mercurielles, Camphre raffiné, Graisse végétale.

851 *Grandjean*, à Paris, rue Montmartre, n° 65 : Boîte à chapeaux en bois ; grosse Caisse de musique.

852 *Payen Salmon* et *Compagnie*, à Paris, rue Favart, n. 8 : Produits chimiques. Médaille en argent en 1827.

853 *Salmon*, *Payen* et *Bureau*, à Paris, rue Favart, n. 8 : Engrais.

854 *Chenavard* (*Henri*), à Paris, boulevard Saint-Antoine, n. 65 : Tapis et Tapisseries pour meubles. Médaille en or en 1823.

855 *Rouffet*, à Paris, rue de Perpignan, n. 8 : Tours, Meubles, Étaux. Médaille en bronze en 1823.

856 *Delpech* (veuve), à Paris, quai Voltaire, n. 3 : Impressions lithographiques.

857 *Collier* (*John*), à Paris, rue des Saints-Pères, n. 5 : Machine tondeuse et découpeuse. Médaille en or en 1819. Rappel en 1823 et 1827.

858 *Le même*, Laines peignées.

859 *Davenne* (*Daniel*), à Paris, rue de la Sourdière, n. 31 : Semoir.

860 *Julien* (*Pierre-Samson*), à Conflans, (Seine) : Assiettes de porcelaine faites à la mécanique.

861 *Cabany* (*Saint-Maurice*), à Paris, rue Sainte-Avoie, n. 57 : Presses à copier et à timbrer.

862 *Le même* : Imitation d'orfévrerie.

863 *Le même* : Objets de papeterie et Registres.

864 *Holcroff* (*Henri*), à Paris, à la Manufacture des tabacs : Plans et dessins de machines employées dans les manufactures de tabac.

865 *Leblanc*, à Villejuif (Seine) : Charrue perfectionnée. Médaille en argent en 1827.

N°s MM.

866 *Pelz* (*Guillaume*), à Paris, cour de la Juiverie, n. 10 : Meubles.

867 *Trintzius*, à Paris, rue du Faubourg-Montmartre, n. 11 : Machine à plisser le linge.

868 *Kesles* et *Barnes* (dames), à Paris, rue de la Madeleine, n. 15 bis : Meubles.

869 *Jacob* (*Georges-Alphonse*), à Paris, rue de Bondy, n. 44 : Meubles. Médaille en or en 1819. Rappel en 1827.

870 *Lemarchand*, à Paris, rue des Gravilliers, n. 29 : Tours et Outils.

871 *Chameroy*, à Paris, quai de la Mégisserie, n. 28 : Objets en fonte.

872 *Langlois*, à Paris, rue Neuve-des-Petits-Champs, n. 93 : Cheminées.

873 *Dupuy aîné* (*Constant*), à Paris, rue du Helder, n. 18 : Modèle de charpente.

874 *Pihan* (*Louis-Auguste*), à Paris, Palais-Royal, galerie de Nemours : Chocolat.

875 *Ringé*, à Paris, rue d'Angoulême du Roule, n. 316 : Serrures.

876 *Novion*, à Paris, rue des Marais du Temple, n. 11 : Objets de marbrerie.

877 *Armand Clerc*, à Paris, rue du Buisson-Saint-Louis, n. 16 : Tours, Découpoirs.

878 — *Le même* : Affiloirs.

879 *Idem* : Poires à poudre.

880 *Idem* : Machine à scier le marbre.

881 *Galibert*, à Paris, rue Neuve Saint-Augustin, n. 34 : Lampes.

882 *Ferrier*, à Paris, boulevart Montmartre, n. 14 : Télégraphe.

883 *Daudé*, à Paris, rue des Arcis, n. 22 : Œillets métalliques.

884 — *Le même* : Instrumens de chirurgie.

N^{os} MM.

885 *Mullier* (*Louis-Michel*), à Paris, rue de Tracy, n. 5 : Pianos. Mentionné honorablement en 1827.

886 *Bazin*, à Paris, rue des Martyrs, n. 44: Papiers glacés.

887 *Dalmont*, à Paris, rue Neuve des Mathurins, n. 44 : Siéges de garde-robe.

888 *Fleuret* et *fils* (dame), à Paris, passage Saulnier, n. 4 : Lits en fer.

889 *Schmidt*, à Paris, à Montmartre, rue Notre-Dame, n. 16 Instrumens de marine.

890 *Frigerio* (*J.-A.*), à Paris, rue de la Bourse, n. 3 : Pois à cautère.

891 *Aniel*, à Paris, rue du Faubourg-Saint-Denis, n. 84, Rampes, parquets. Citation honorable en 1827.

892 *Marchand* (*Jh.*), à Paris, rue Michel-le-Comte, n. 23 : Bijoux émaillés.

893 *Roux*, à Paris, rue Vivienne, n. 7 : Broderies. Citation honorable en 1827.

894 *Dehaule*, à Paris, nouvelle galerie des Panoramas, n. 6 : Embouchoirs.

895 *Lecocq* (*A.*), à Paris, quai des Orfèvres, n. 18 : Plans typographiques.

896 *Robertson*, à Paris, boulevart Montmartre, n. 12 : Nictographe.

897 *Audot*, à Paris, rue du Paon, n. 8 : Ouvrages typographiques.

898 *Guillemot*, à Paris, rue du Faubourg-St-Denis, n. 30: Galons de livrées et de voiture. Citation honorable en 1827.

899 *Trempé*, à la Villette, rue de Flandre, n. 46 : Peaux teintes. Mentionné honorablement en 1827.

900 *Garitte*, à Paris, rue de Charenton, n. 32 : Objets de marbrerie.

901 *Faelli* (*V^{e}*), à Paris, rue Coquenard, n. 37 : Mosaïques en marbre.

902 *Sabatier*, à Paris, rue Saint-Honoré, n. 84: Coutellerie.

Nos MM.

903 *Chaput*, à Paris, rue du Jardinet, n. 1 : Papier pour impressions.

904 *Gorgu*, à Paris, rue Frépillon, n. 7 : Moulures dorées pour cartonnages.

905 *Deleuze*, à Paris, rue Phélippeaux, n. 11 : Vide-Champagne et boutons de chemises.

906 *Pérève* et *Querini*, à Paris, rue Saint-Honoré, n. 2 : Bandages.

907 *Mattler fils*, à Paris, rue Censier, n. 13 : Maroquins.

908 *Ruggieri* (*Claude-Fortuné*), à Paris, rue de Clychy, n. 8 : Pyrotechnie.

909 *Ligny*, à Paris, rue Neuve-des-Mathurins, n. 45 : Tapis restaurés.

910 *Robert* (*J.-C.*-C.) à Paris, rue Saint-Martin, n. 138. Registres.

911 *Brière* (*Clément*), à Paris, rue Saint-Victor, n. 49 : Déchets de soie peignée.

912 *Hardelet* (*François-Pierre*, à Paris, rue Notre-Dame-de-Nazareth, n. 29. Doublé d'or et d'argent.

913 *Pochet-Deroche*, à Paris, rue Jean-Jacques-Rousseau, n. 16 : Vitrification sur verre et cristal.

914 *Henneeart*, à Paris, rue Thévenot, n. 14 : Gazes de soie.

915 *Gaidon* (*Marie*), à Paris, rue Montmartre, n. 121 : Pianos. Mentionné honorablement en 1827.

916 *Supertac*, à Paris, rue Neuve-Saint-Jean, n. 3 : Couleurs, Crayons et Cire à cacheter.

917 *Bastiné*, à Paris, rue Bourbon-Villeneuve, n. 49 : Horlogerie.

918 *Saint-Martin* (*Alphonse*), à Paris, rue de Seine, n. 4 et 6 : Couleurs et crayons.

919 *Pluvinet et compagnie*, à Clichy (Seine) : Produits chimiques.

920 *Joubert*, à Paris, rue Saint-Denis, n. 376 : Lampes.

921 *Pernot*, à Paris, rue du Temple, n. 94 : Applications en paille pour tentures.

Nos MM.

922 *Sarlandière*, à Paris, rue de la Michodière, n. 2 : Cranomètre.

923 *Sommier aîné et frères*, à Paris, rue de la Villette, n. 139 : Sucre raffiné.

924 *Mazin* (*Léon*), à Paris, rue de Varennes, n. 30 *bis* : Fauteuils.

925 *Gardet-Hoyau*, à Paris, rue Montmorency, n. 4 : Pains à cacheter. Citation honorable en 1827.

926 *Grivard et Heyse*, à Paris, rue Neuve-des-Petits-Champs, n. 79 : Lampes.

927 *Mantoux* (*Étienne*), à Paris, rue du Paon-Saint-André, n. 1 : Lithographies.

928 *Garnerey*, à Paris, rue Grange-Batelière, n. 13, Panneaux pour tableaux.

929 *Mouton* (*Louis*), à Paris, rue du Mail, n. 25 : Broderies. Mentionné honorablement en 1827.

930 *Roy Anquetil*, à Paris, Place Royale, n. 12, Cotons filés.

931 *Angrand*, à Paris, rue Meslay, n. 61 : Papiers et bordures de fantaisie. Médaille en bronze en 1823. Rappel en 1827.

932 *Noël*, à Paris, place de l'ancien marché Saint-Martin, n. 11 : Billes pour billards.

933 *Chemelat*, à Paris, rue de la Vieille-Boucherie, n. 5 : Rasoirs.

934 *Bigot* (*Clément*), à Paris, rue Saint-Lazare, n. 42 : Meubles. Mentionné honorablement.

935 *Picard*, à Paris, rue Bourg-la-Reine, n. 13 : Diverses machines.

936 *Pickart*, à Paris, rue Montmorency, n. 4 : Objets en bronze.

937 *Montandon*, à Paris, rue du Monceau-Saint-Gervais, n. 8 : Ressorts.

938 *Bret*, à Paris, rue Grenetat, n. 16 : Peignes.

Nos MM.

939 *Petitbon*, à Paris, rue des Noyers, n. 8: Caractères d'imprimeries.

940 *Vauchelet et sœur*, à Paris, rue Charlot, n. 19: Étoffes peintes. Médaille en argent en 1823. Rappel en 1827.

941 *Sagne*, à Paris, rue Montmorency, n. 54: Etain pour glaces

942 *Langlois père*, à Paris, rue de Bussy, n. 16: Carte typographique de la France.

943 *Lafon (Louis-François)*, à Paris, rue Neuve-Saint-Gilles, n. 8: Bronzes.

944 *Seurat*, à Paris, rue des Fontaines, n. 4: Tabatières,

945 *Maille, Robillard, Ségaud et Compagnie*, à Paris, rue Saint-André-des-Arts, n. 16: Moutarde, Fruits, Confitures et vinaigres.

946 *Gondel (dame)*, à Paris, rue Meslay, n. 27: Meubles en laque.

947 *Dumont (demoiselle)*, à Paris, rue Montmartre, n. 63: Châles rebrochés.

948 *Châtaing*, à Belleville (Seine), rue de Paris, n. 156: Globes.

949 *Gervais (Charles)*, à Paris, rue de Rochechouart, n. 66: Pierres factices pour rasoirs.

950 *Nasemberg*, à Paris, rue Saintonge, n. 38: Piano.

951 *Dupré*, à Paris, rue du Mont-Parnasse, n. 5: Capsules pour boucher les bouteilles.

952 *Morand* et *Socquet*, à Paris, rue Saint-Honoré, n. 97: Impressions en relief sur étoffes.

953 *Lœuilliet*, à Paris, rue Poupée-Saint-André-des-Arts, n. : Caractères et épreuves typographiques.

954 *Martin (demoiselle)*, à Paris, quai Voltaire, n. 15: Cachets et épreuves de gravures.

955 *Brasseur*, à Paris, rue Vieille-du-Temple, n. 20: Dorures sur bois.

956 *Chevalier Cart*, à Paris, rue Saint-Jacques, n. 264 *bis*: Fourneau.

Nos MM.

957 *Droph*, à Paris, boulevart Beaumarchais, n. : Marbrerie.

958 *Bleuze Hadanecourt*, à Paris, rue Saint-Denis, n. 18 : Savons, Essences.

959 *Darme frères*, à Grenelle, rue du Commerce, n. 37 : Peintures transparentes.

960 *Collardeau-Duhcaume*, à Paris, rue Saint-Martin, n. 56 : Instrumens de précision.

961 *Savaress* (*Philibert*), à Paris, Palais-Royal, n. 96 : Cordes harmoniques.

962 *Renaudot*, à Paris, rue du Bac, n. 58 : Couvertures en crins.

963 *Burgen*, *Wetter* et *Georges*, à Paris, rue Paradis-Poissonnière, n. 23 : Gobleterie.

964 *Allier* (*Claude*), à Paris, rue Saint-Antoine, n. 36 : Montres.

965 *Camus-Rochon*, à Paris, rue du Chaume n. 7 : Outils en acier fondu sur fer.

966 *Leroy* (*Louis-Charles*), à Paris, au Palais-Royal, n. 13 : Pièces d'horlogerie.

967 *Gouyon*, à Paris, rue de la Harpe, n. 102 : Dessins pour la broderie.

968 *Berthe* (*Noël*), à Paris, rue du Battoir-Saint-André, n. 2 : Reliûres.

969 *Destrem-Prenot*, à Paris, rue du Bac, n. 13 : Chapeaux.

970 *Bérolle*, frères, à Paris, rue du Temple, n. 121 : Montres et pendules. Mentionné honorablement en 1827.

971 *Forest*, frères, rue du Coq-Héron, n. 7 : Batiste.

972 *Hivert*, à Paris, quai des Augustins, n. 57 : Impressions typographiques.

973 *Dubourg*, à Paris, rue Chapon, n. 6 : Nécessaires.

974 *Coade*, à Paris, rue des Brodeurs, n. 9 : Un banc à tir.

975 *Pitout*, à Paris, rue de la Tournelle, n. 16 : Tilbury.

N^os MM.

976 *Lemoine*, à Paris, rue des Vinaigriers, n. 24: Voiture-mesure.

977 *Cambray*, à Paris, rue Ménilmontant, n. 23: Instrumens aratoires. Citation honorable en 1827.

978 *Chopin* et *Melon*, à Paris, rue Saint-Denis, 374: Lampes et lustres.

979 *Lory*, à Paris, quai de l'Horloge, n. 47: Horlogerie.

980 *Fauconnier*, à Paris, hôtel de Madame Adélaïde, rue de Babylone: Orfévrerie. Médaille en or en 1823. Rappel en 1827.

981 *Gâteau*, à Paris, rue de la Cerisaie, n. 2 : Machine dite *Noria*.

982 *Zani*, à Paris, rue du faubourg Saint-Martin, n. 157: Fourneaux.

983 *Grohé*, à Paris, rue de Grenelle-St-Germain, n. 107 : Meubles.

984 *Wetzels*, à Paris, rue des Petits-Augustins, n. 9 : Pianos. Médaille de bronze en 1827.

985 *Villeroi*, à Paris, passage Dauphine : Presses typographiques et machines hydrauliques.

986 *Gauthier*, à Paris, rue Neuve-Saint-Eustache, n. 5 : Tablettes de bouillon.

987 *Le même* : Boîtes de secours.

988 *Bouché* (*Alexandre*), rue Bellefonds, n. 26 : Dessin d'une machine à tailler les lentilles astronomiques. Mentionné honorablement en 1827.

989 *Kelbrer*, à Paris, rue Furstemberg, n. 8 (ter) : Chronomètre.

990 *Menut* (*J.-B.*), à Paris, rue de la Pépinière, n. 7 : Modèles pour la fonte de fer et cuivre.

991 *Rousselet*, à Paris, rue de Sèvres, n. 97: Dessins et produits d'une machine à impressions.

992 *Laurgis*, à Paris, rue des Filles-Dieu, n. 18 : Cheminée en cuivre.

993 *Rossé* et *fils*, à Paris, passage de Venise, n. 34: Pièces

N°s MM.

d'horlogerie, n. 34. Mentionnés honorablement en 1827.

994 *Courtier*, à Paris, rue de l'Odéon, n. 2 : Produits en en terre cuite pour travaux de bâtimens. Médaille en bronze en 1823 ; rappel en 1827.

995 *Courtois*, à Vaugirard (Seine), avenue d'Issy : Couvertures et chaperons de mur en terre cuite.

996 *Feldtrappe*, à Paris, rue du Regard, n. 30 : Cylindres gravés.

997 *Roller* et *Blanchet*, à Paris, rue Hauteville, n. 16 : Pianos. Médaille en argent en 1823. Rappel en 1827.

998 *Savaresse* (*J.-F.*) *fils*, à Grenelle (Seine), quai de la Javelle ; Cordes harmoniques. Médaille en bronze en 1827.

999 *Payen* et *Bureau*, à Paris, rue Favart, n. 8 ; Produits chimiques. Médaille en argent en 1827.

1000 *Barruel* et l'*Étendard*, à Paris, rue Cassette, n. 27 : Produits pour la peinture à l'huile et pour la peinture sur porcelaine.

1001 *Enal* et *Clément Desormes*, à Paris, faubourg Saint-Martin, n. 84 : Machine à vapeur à détente.

1002 *Lebobe*, à Paris, rue Royale-Saint-Honoré, n. 18 : Couvertures en zinc.

1003 *Perrelet* et *fils*, à Paris, rue Saint-Honoré, n. 108 : Horlogerie de précision. Médaille en or en 1827.

1004 *Bret*, à Paris, rue du Four-Saint-Honoré, n. 10 : Machine à pulvériser le plâtre.

1005 *Masquilier*, à Paris, rue d'Anjou, n. 8, au Marais : Instrument pour mesurer la hauteur et la grosseur des arbres.

1006 *Koylowski*, Paris, rue des Fossés-Saint-Germain-des-Prés, n. 18 : Planches gravées à l'usage de la reliûre.

1007 *Thomire* et *comp.*, à Paris, rue Blanche, n. 45 : Bronzes. Médaille en or en 1823. Rappel en 1827.

1008 *Dumont*, à Paris, rue de la Perle, n. 4 : Bronzes.

N° MM.

1009 *Laurent* (*Jean*), à Paris, rue Saint-Maur-du-Temple, n. 58 : Régulateurs.

1010 *Jacobs* (*Jean-Aimé*), à Paris, boulevart Montmartre, n. 1 : Régulateur, Chronomètre et Compteurs.

1011 *Acollas* (*Pierre-Hyacinthe*), à Paris, rue Hauteville, n. 38 : Modèle de tête d'écluse en fonte.

1012 *Ruingo* frères, à Paris, rue de Touraine, au Marais, n. : Horlogerie. Mentionné honorablement en 1823; rappel en 1827.

1013 *Masse*, à Paris, rue Saint-Etienne-du-Louvre, n. 4 : Trois plans en relief.

1014 *Gille* (*J.-M.*), à Paris rue du Temple, n. 129 : Fauteuils et Poêles-calorifères.

1015 *Baudry* (*François*), rue Neuve-Saint-Roch, n. 10 : Meubles. Médaille en bronze en 1827.

1016 *Tombini*, à Montmartre (Seine), place du théâtre : Modèle de bateau à vapeur et Machine uranographique.

1017 *Buvozet* frères et sœur, à Paris, rue Saint-Etienne-Bonne-Nouvelle, n. 15 : Bronzes et Pendules.

1018 *Bourbonne* (*Al. Edme*), à Paris, rue de la Verrerie, n. 95 : Blocs de savons de différentes sortes.

1019 *Blève*, à Paris, rue du Temple, n. 59 : Ornemens en cuivre estampés et vernis.

1020 *Servais* (*Joseph*), à Paris, rue d'Enghien, n. 15 : petits Meubles dits de Spa.

2021 *Meulien* et *comp.*, à Paris, quai Malaquais, n. 7 : Tableaux par impression mécanique.

1022 *Hersant* (demoiselle), à Paris, rue Chanoinesse, n. 18 : Table en bois dit de Spa.

1023 *Beatus Berringer*, à Paris, rue Mercier, n. 2 : Fusils et Pistolets.

1024 *Feubert*, à Paris, passage Choiseul, n. 20 : Coutellerie.

1025 *Dutertre*, à Paris, place du Trône, n. 3 : Papiers peints.

Nos MM.

1026 *Chevallier* et *comp.*, à Paris, quai Valmy, n. 28 : Pierres pour la lithographie.

1027 *Masse*, à la Maison-Blanche, barrière Fontaineblaau (Seine) : Peaux de veaux tannées.

1028 *Zipelius*, à Paris, rue de Seine-Saint-Germain, n. 16 : Table en glace peinte.

1029 *Souchon*, à Paris, rue Bleue, n. 19 : Draps teints. Médaille en bronze en 1823; médaille en argent en 1827.

1030 *Le même* et *comp.* : Prussiates alcalins et Bleu de Prusse.

1031 *Téricot*, à Paris, boulevart des Italiens, n. 27 : Casiers à bouteilles.

1032 *Casaubon* (demoiselle), à Paris, rue Saint-Fiacre, n. 20 : Fleurs artificielles.

1033 *Sorel*, à Paris, passage Choiseul, n. 47 : Appareils culinaires.

1034 *Cassé fils*, à Paris, rue de la Chaussée-d'Antin, n. 56 : Objets de chaudronnerie. Mentionné honorablement en 1827.

1035 *De Roy*, à Paris, rue Saint-Thomas-du-Louvre, n. 42 : Dessins pour broderies.

1036 *Hentz*, à Paris, rue Folie-Méricourt, n. 28 : Briquets et Allumettes.

1037 *Pillioud*, à Paris, rue Vieille-du-Temple, n. 78 : Orfévrerie plaquée. Médaille en bronze en 1819; rappel en 1823, médaille en argent en 1827.

1038 *Vidus*, à Paris, rue d'Enfer, n. 66 : Feuilles de parquet et Modèle d'atelier.

1039 *Montus*, à Paris, rue de Cléry, n. 25 : Chaises.

1040 *David*, à Paris, rue des Fossés-Montmartre, n. 15 : Filoirs.

1041 *Patenotte*, à Paris, rue Saint-Martin, n. 265 : Clyssoirs.

1042 *Ramarchard* et *comp.*, à Paris, rue Sainte-Anne, n. 54 : Garderobes.

Nos MM.

1043 *Achard* et *Carpentier*, à Paris, rue du Renard-Saint-Sauveur, n. 11 : Laines et Plumes épurées.

1044 *Thuillier*, à Paris, rue du Monceau-Saint-Gervais, n. 12 : Pompe sphérique et continue.

1045 *Lhotel*, à Paris, rue des Forges, n. 5 : Impressions en relief sur étoffes.

1046 *Piochelle*, à Paris, rue Saint-Honoré, n. 110 et 112 : Chocolats en livre.

1047 *Péchinay*, à Paris, rue des Messageries, n. 21 : Quincaillerie et Garderobes.

1048 *Vullier*, à Paris, rue Saint-Antoine, n. 23 : Draps pour la fabrication du papier.

1049 *Potalier*, à Paris, rue Saint-Avoie, n. 5 : Bijouterie en cuivre doré.

1050 *Marion*, à Paris, cité Bergère, n. 14 : Registres en papier glacé.

1051 *Lequin*, à Paris, cour de la Sainte-Chapelle, n. 1 : Serrures et Mesures linéaires.

1052 *Mongin*, à Paris, rue des Juifs, n. 4 : Scies et ressorts de bandages. Médaille en bronze en 1823; médaille en argent en 127.

1053 *Chalet*, à Paris, rue Neuve-des-Petits-Champs, n. 34 : Registres.

1054 *Degorgue*, à Paris, rue Richelieu, n. 89 : Vitraux, Lampes-veilleuses.

1055 *Herard-Deviliers*, à Paris, rue de Crussol, n. 1 : Incrustations en nacre.

1056 *Aillaux-Desormeaux*, à Paris, rue Saint-Jacques, n. 48 : Filières, Etaux.

1057 *Gibault*, à Paris, rue Basse-du-Rempart, n. 18 : Meubles et treillage.

1058 *Roy* (*Pierre-Jean*) à Paris, rue du Plâtre-Sainte-Avoie, n. 12 : Chapeaux de feutre et de soie.

1059 *Guyon*, à Paris, rue Meslay, n. 58 : Bijouteries en perles fausses.

Nos MM.

1060 *Baxen*, *Lecoq*, et *Auzes* (dames), à Paris, rue des Rosiers, n. 34: Huile pour l'horlogerie.

1061 *Jacquin*, à Paris, rue J.-J.-Rousseau, n. 18: Engrenages pour l'horlogerie.

1062 *Huette*, à Paris, quai de l'Horloge, n. 75: Baromètres.

1063 *Fontaine*, *Périer*, à Paris, rue Grenétat, n. 2: Tableterie.

1064 *Wansbrough*, à Paris, rue Castiglione, n. 2: Chapeaux feutre et soie. Citation honorable en 1827.

1065 *Lenain*, à Paris, passage de l'Industrie, n. 1: Peignes pour tissus. Citation honorable en 1827.

1066 *Harnepon*, à Paris, rue du Gros-Chenet, n. 19: Tapisseries imprimées en relief.

1067 *Parrizot*, à Paris, rue Neuve-des-Poirées, n. 4: Cuvettes pour descente d'eaux ménagères.

1068 *Cahouet*, à Paris, Halle-aux-Veaux, n. 4 *bis*: Ustensiles pour la fabrication de la chandelle.

1069 *Trianon*, à Paris, rue Dauphine, n. 63: Chapeaux feutre et soie.

1070 *Clément*, à Paris, rue de la Chaussée-d'Antin, n. 35: Serrures de sûreté.

1071 *Joliet*, à Paris, au Palais-Royal, galerie d'Orléans: Tabatières.

1072 *Charenté*, à Paris, boulevart Saint-Denis, n. 173: Peignes.

1073 *Bénard*, à Paris, rue des Gravilliers, n. 28: Outils pour la gravure.

1074 *Janet*, à Paris, boulevart Saint-Jacques, n. 59: Reliûres.

1075 *Levasseur*, à Paris, rue des Ursins, n. 7: Outils d'affûtage.

1076 *Hutin*, *Delatouche*, à la Chapelle-Saint-Denis, n. 52, (Seine): Peauxdebuffles.

1077 *Leblond*, à Paris, rue Neuve-Saint-Augustin, n. 36: Dorures sur bois.

Nos MM.

1078 *Varigard*, à Paris, rue des Saints-Pères, n. 65 : Socques.

1079 *Valand*, à Paris, rue de Castiglione, n. 6 : Fleurs gravées et coloriées.

1080 *Wickam*, à Paris, rue Saint-Honoré, n. 257 : Bandages et appareils pour constater leur force de pression.

1081 *Jacquemart*, à Pasis, rue de Montreuil, n. 39 : Papiers peints. Médaille en argent en 1806. Rappel en 1819, 1823 et 1827.

1082 *Périn-Lepage*, à Paris, rue de la Chaussée-d'Antin, n. 24 : Fusils et Pistolets. Citation honorable en 1823.

1083 *Cuenot*, à Paris, rue Meslay, n. 2 : Petits meubles en laque.

1084 *Butet*, à Paris, rue Traversière-Saint-Antoine, n. 9 : Bleu de Prusse.

1085 *Lucian*, à Paris, rue du Coq-Héron, n. 8 : Impressions en relief sur étoffe.

1086 *Seyfferd*, à Paris, rue Tiquetonne, n. 11 : Ardoises en zinc et en cuivre.

1087 *Foncier*, à Paris, rue des Trois-Bornes, n. 26 : Fils de laine et Métiers à préparer la laine. Mentionné honorablement en 1827.

1088 *Lefebvre*, à Paris, rue des Amandiers-Popincourt, n. 12 : Amidon gommeux, diaphane, et Objets imprimés avec amidon.

1089 *Trichon*, à Paris, rue d'Alayrac, n. 1 : Tabatière sculptée.

1090 *Deharambure*, à Paris, place du Palais-de-Justice, n. 3 : Une Pendule.

1091 *Richer*, à Paris, rue de la Bucherie, n. 14 : Niveaux à bulle d'air.

1092 *Gremard (Aimé)*, à Paris, rue Saint-Denis, n. 367 : Tresses et Tissus en paille.

1093 *Dubois-James*, à Paris, rue des Deux-Portes-Saint-Sauveur, n. 16 : Blondes de soie et Dentelles.

Nos MM.

1094 *Thierry-Saffroy*, à Paris, rue du Marché-Palu, n. 26: Matelats élastiques. Citation honorable en 1827.

1095 *Fournier* et *Compagnie*, à Paris, rue Poissonnière, n. 29 : Bourrelets et Clyssoirs. Citation honorable en 1827.

1096 *Merckel*, à Paris, rue du Petit-Lion-Saint-Sauveur, n. 13 : Briquets et Allumettes.

1097 *Laîné*, à Paris, rue Michel-le-Comte, n. 34: Boites et Cartons de bureau.

1098 *Vauquelin*, à Paris, rue des Trois-Bornes, n. 13 *bis* : Machines à coudre et à broder les gants.

1099 *Breugnot*, à Paris, galerie Colbert, n. 16 : Dessins gravés sur zinc.

1100 *Dordet*, à Paris, rue des Fossés-Montmartre, n. 9 : Coutellerie.

1101 *Tarlay*, à Paris, rue Beaubourg, n. 55 : Rouleaux pour laminoirs.

1102 *Carpentier*, à Paris, rue des Trois-Bornes, n. 35 : Maquettes de chevaux.

1103 *Charrière*, à Paris, rue de l'École-de-Médecine, n. 7 : Coutellerie et Instrumens de chirurgie.

1104 *Cérioli*, à Paris, rue Beaurepaire, n. 9 : Calorifère.

1105 *Dubois* (*François-Auguste*), à Paris, rue de l'Université, n. 113 : Vies des hommes illustres de Plutarque.

1106 *Buffet*, à Paris, rue Saint-Honoré, n. 255 : Instrumens à vents.

1107 *Dacosta*, à Paris, rue Jean-Robert, n. 17 : Bijouterie dorée.

1108 *Caban jeune*, à Paris, rue Saint-Honoré, n. 314 : Coutellerie. Citation honorable en 1827.

1109 *Gibus*, à Paris, place des Victoires, n. 3 : Chapeaux.

1110 *Guenet*, à Paris, rue Folie-Mericourt, n. 25 : Machines uranographiques.

1111 *Danglure de Braux*, à Paris, faubourg Saint-Honoré, n. 60 : Petits bronzes.

N°s MM.

1112 *Pérot*, à Paris, rue des Fossés-Montmartre, n. 12 : Incrustations sur acier et pierres fines.

1113 *Fauler frères*, à Paris, rue Mauconseil, n. 31 : Maroquins. Médaille en or en 1819. Rappel en 1823.

1114 *Matignon*, à Paris, rue Charonne, n. 41 : Plaques et rubans de Carde. Médaille en bronze en 1823.

1115 *Bruyer*, à Paris, rue Saint-Martin, n. 259 : Registres.

1116 *Bidet*, rue Saint-Honoré, n. 136 : Plumes à bec en pierres fines.

1117 *Labouriau*, à Paris, rue Christine, n. 10 : Chaussures.

1118 *Perrot*, à Paris, rue et Ile-des-Cygnes, n. 4 : Colle-forte et Gélatine.

1119 *Delépine*, à Paris, rue Montmartre, n. 34 : Broderies et tresses.

1120 *L'Enseigne*, à Paris, rue Saint-Landry, n. 6 : Moules, Balles, Niveaux, Règles et Poinçons. Citation honorable en 1827.

1121 *Redot*, à Paris, rue Saint-Denis, n. 127 : Dessins pour la broderie.

1122 *Pertus*, à Paris, rue Mandar, n. 9 : Instrumens de musique en cuivre.

1123 *Pedretti*, à Paris, rue d'Argenteuil, n. 7 : Crayons de pastel.

1124 *Petit*, à Paris, place Royale, n. 11 : Panneaux de parquets.

1125 *Féragus*, à Paris, rue Saint-Georges, n. 27 : Espagnolettes.

1126 *Tussand*, à Paris, rue de Charonne, n. 25 : Vis, Emporte-pièce, et Machines à fendre les engrenages.

1127 *Garnier*, à Paris, rue Taitbout, n. 8 *bis* : Pièces d'horlogerie. Médaille en argent en 1827.

1128 *Guerin* et *Cartier*, à Paris, rue des Cinq-Diamans, n. 20 : Cuivre affiné.

1129 *Rolet*, à Paris, rue de Charenton, n. 95 : Machine à broyer les couleurs.

Nos MM.

1130 *David*, à Paris, rue du Harlay, n. 7, au Marais : Billard. Mentionné honorablement en 1827.

1131 *Le même* : Pétrin mécanique et Métier à lacets.

1132 *Geiscler*, à Paris, rue des Minimes, n. 1 : Meubles.

1133 *Cartier*, à Paris, rue du faubourg Saint-Denis, n. 25 : Cardes mécaniques. Médaille en bronze en 1823. Rappel en 1827.

1134 *Cavé*, à Paris, rue du faubourg Saint-Denis, n. 214 et 216 : Machines, Tuyaux et fonds de chaudières. Mentionné honorablement en 1827.

1135 *Frappier*, à Paris, rue Sainte-Croix de la Bretonnerie, n. 20 : Pièces d'horlogerie.

1136 *Carré d'Harouville* (*veuve*), à Paris, faubourg Montmartre, n. 18 : Appareils pour la conservation des comestibles.

1137 *Berthoud frères*, à Paris, rue de Richelieu, n. 103 : Montres marines. Médaille en argent en 1823. Rappel en 1827.

1138 *Rabelle de Laisne*, à Paris, rue de Braque, n. 3 : Horlogerie.

1139 *Derosne* et *Chaussenot*, à Paris, rue des Batailles, n. 7 : Deux appareils ; l'un pour le gaze, l'autre pour faire les eaux gazeuses.

1140 *Derosne* et *Champonnière*, à Paris, rue des Batailles, n. 7 : Appareil d'évaporation.

1141 *Souillard*, à Paris, passage de l'Opéra, n. 14 : Objets en plastique et mastic pour réparer les objets d'art. Citation honorable en 1823 et 1827.

1142 *Odiot*, à Paris, rue l'Évêque, n. 1 : Orfévrerie. Médaille en or en 1823. Rappel en 1827.

1143 *Lemaistre*, à Paris, rue Richer, n. 54 : Parquets et objets de menuiserie à la mécanique.

1144 *Thomas* et *Decouchy*, à Paris, faubourg Saint-Martin, n. 126 : Marbres. Médaille en argent en 1827.

1145 *Barth*, à Paris, rue du faubourg Saint-Martin, n. 126 : Ressorts pour voitures et autres.

Nos MM.

1146 *Molard*, à Paris, rue Charonne, n. 47 : Métiers à lisser les étoffes de fil unies et façonnées.

1147 *Raybaud* (*Pierre*), à Paris, rue Saint-Denis, n. 125 : Savons de ménage et de toilette, et collection d'huiles essentielles.

1148 *Desprès*, à Paris, rue des Écluses-Saint-Martin, n. 23 : Porcelaines à feu et autres.

1149 *Fougère*, à Paris, rue des Marais-Saint-Martin, n. 18 : Imitation de bronzes et vernis imitant l'or sur cuivre.

1150 *Payot* et *Regnier*, à Paris, rue des Lombards, n. 28 : Pharmacies portatives.

1151 *Susleau*, à Paris, rue du Plâtre-Saint-Jacques, n. 14 : Ventilateur.

1152 *Klein*, à Paris, rue Thévenot, n. 13 : Pianos.

1153 *Mohler*, à Paris, rue Jarente, n. 9 : Modèle de laminoir et autres machines.

1154 *Merijot*, à Paris, rue de la Muette, n. 5 : Chandelle-sébaclare.

1155 *Crozet*, à Paris, rue Saint-Germain-l'Auxerrois, n. 89 : Dorures sur bois.

1156 *Arizolli*, à Paris, rue Hautefeuille, n. 30 : Fourneau et cheminée.

1157 *Stollé*, à Paris, faubourg du Roule, n. 80 : Vinaigres.

1158 *Eyrot*, à Paris, faubourg Saint-Martin, n. 268 : Alambic.

1159 *Blerzy*, Paris, rue du Roule, n. 13 : Orfévrerie d'église. Mentionné honorablement en 1827.

1160 *Godfroy*, à Paris, rue Montmartre, n. 133 : Flûtes. mentionné honorablement en 1823 ; médaille en bronze en 1827.

1161 *Jolicet*, à Paris, rue Saint-Denis, n. 347 : Étoffes de crins.

1162 *Lepaige*, à Paris, rue Regratière, n. 12 : Blondes et dentelles apprêtées.

Nos MM.

1163 *Lombard*, à Paris, rue de Thorigny, n. 5: Ornemens en pâte et modèle de cadres.

1164 *Seyrig*, à Paris, galerie Vivienne, n. 5 : Piano.

1165 *Bishop*, à Paris, rue de la Verrerie, n. 58 : Imitation de camées.

1166 *Chauvel*, à Paris, rue Saint-Louis-au-Marais, n. 22 : Vieux draps et habits restaurés.

1167 *Devinck*, à Paris, rue Saint-Honoré, n. 285: Téri- ficateur et dressage pour la fabrication du chocolat.

1168 *Morize*, à Paris, rue Saint-Antoine, n. 13 : Coutellerie. Mentionné honorablement en 1827.

1169 *Gille*, à Paris, rue des Cinq-Diamans, n. 10 : Mouvemens de pendules. Citation honorable en 1827.

1170 *Magnier*, à Paris, rue des Lombards, n. 51 : Broderies sur canevas.

1171 *Winter*, à Paris, rue de Vanvres, barrière du Maine : Machine à laver le linge.

1172 *Duverger*, à Paris, rue de Verneuil, n. 4: Typographie musicale.

1173 *Pitoy*, Plaine d'Yvry (Seine) : Produits chimiques.

1174 *Demy-Doineau*, à Paris, rue Vivienne, n. 16: Tapis.

1175 *Gavet* et *comp.*, à Paris, rue Saint-Honoré, n. 138: Coutellerie. Médaille en argent en 1823 et en 1827.

1176 *Montazeau*, à Paris, rue du Monceau-St-Gervais, n. 9: Appareil vaporisateur.

1177 *Werdet*, à Paris, rue de Bondy, n. 22 : Cahiers de transparens pour apprendre seul à écrire.

1178 *Grangeoir*, à Paris, rue Mouffetard, n. 307 : Portes de coffre et serrure.

1179 *Dien*, à Paris, rue Hautefeuille, n. 13 : Globes et sphères.

1180 *Boitvin*, à Paris, rue Favart, n. 12 : Nécessaires de coutellerie.

1181 *Robin*, à Paris, rue du Coq-Héron, n. 5 : Serrures à combinaison.

Nos MM.

1182 *Dier*, à Paris, rue Saint-Honoré, n, 129 : Draps et habits teints restaurés.

1183 *Lesné*, à Paris, rue Saint-Jacques, n. 263 : Reliûres.

1184 *Debeine et comp.*, à Paris, rue Mercier, n. 2, Sacs et tuyaux sans coutures.

1185 *Havard*, à Paris, faubourg du Temple, n. 37 : Fausses équerres à rapporteurs.

1186 *Tachet*, à Paris, rue Saint-Honoré, n. 274 : Équerres curvotraces et autres instrumens en bois.

1187 *Poupinel*, à Paris, rue Galande, n. 57 : Couvertures. Mentionné honorablement en 1827.

1188 *Carpentier*, à Paris, rue de Lancry, n. 10 : Couleurs broyées à la cire, et Echantillons de peintures.

1189 *Dutfoy*, à Paris, rue du Marché-Palu, n. 22 : Couleurs en tablettes.

1190 *Lefébure*, à Paris, rue Dauphine, n. 41 : Serrures dites *bec de canne*.

1191 *Cammoy*, à Paris, place des Victoires, n. 6 : Tabatières.

1192 *Denison*, à Grenelle (Seine) : Colle-forte.

1193 *Mortemart*, à Paris, rue de Vaugirard, n. 91 : Tableaux restaurés.

1194 *Meynadier*, à Paris, rue Mazarine, n. 7 : Etoffes imperméables.

1195 *Martineau*, *Jouyet* et *Delamotte*, à Paris, rue de Richelieu, n. 92 : Lithographies.

1196 *Provent*, à Paris, rue Salle-au-Comte, n. 4 et 6 : Bijouterie en acier. Médaille en argent en 1823; rappel en 1827.

1197 *Molard*, à Paris, quai Malaquais, n. 19 : Gravures restaurées.

1198 *Volant*, à Paris, rue Castiglione, n. 6 : Fleurs en pain à cacheter et en cire.

1199 *Meyrueis-Rey*, à Paris, rue des Lavandières-Sainte-Opportune, n. 24 : Bonneterie.

1200 *Boyle*, à Paris, rue de Cléry, n. 9 : Châles et Tissus.

Nos MM.

1201 *Jehl*, à Paris, cour du Dragon, n. 3 : Typographie musicale.

1202 *Hulot*, à Paris, faubourg du Temple, n. 50 : Peintures sur porcelaine.

1203 *Evrat*, à Paris, rue Saint-Jacques-la-Boucherie, n. : Chaussure de chasse.

1204 *Scelles*, à la Briche Saint Denis (Seine) : Poêles et Cheminées.

1205 *Davenne*, à Paris, rue de Lille, n. 11 : Parapluies.

1206 *Barlet*, à Paris, rue de la Jussienne, n. 12 : Embouchoirs.

1207 *Rinaldi*, à Paris, Faubourg-Saint-Martin, n. 43 : Pianos. Mentionné honorablement en 1827.

1208 *Andry*, à Paris, rue Montorgueil, n. 27 : Pendule.

1209 *Fayard*, à Paris, rue Montholon, n. 18 : Chancelière, Tabouret-clyssoir et Papier imperméable.

1210 *Bonneville*, à Paris, faubourg Saint-Martin, n. 220 : Pierres factices pour rasoirs.

1211 *Janus*, à Paris, rue Saint-Louis, au Marais, n. 58 : Piano. Mentionné honorablement en 1827.

1212 *Huct*, à Paris, rue Saint-Martin, n. 97 : Serrures et verrous.

1213 *Vigoureux*, à Paris, rue d'Enfer, n. 76 : Chandelle-bougie.

1214 *Lecuyer*, aux Batignolles (Seine) : Cires à cacheter.

1215 *Gustin*, à Paris, rue des Juifs, n. 18 : Jalousie mécanique.

1216 *Isot*, à Paris, rue de Laborde, n. 26 : Châles.

1217 *Delougère*, à Paris, rue Saint-Denis, n. 342 : Flacons en cristal.

1218 *Gombert*, à Paris, rue de Vaugirard, n. 77 : Cotons retords. Médaille en argent en 1827.

1219 *Roy*, à Paris, rue Saint-Denis, n. 276 : Plumes et Fourrures.

Nos MM.

1220 *Rohr*, à Paris, rue Saint-Honoré, n. 567 : Pianos.

1221 *Gouré*, à Paris, faubourg Poissonnière, n. 1 : Mors et Brides.

1222 *Durand*, à Paris, rue Saint-Nicolas-d'Antin, n. 24 : Pompe et Garderobes.

1223 *Cabias*, à Paris, rue Chanoinesse, n. 8 : Orgues.

1224 *Mugnier*, à Paris, rue Neuve-des-Petits-Champs, n. 57 : Montres. Mentionné honorablement en 1823.

1225 *Fessart*, à Paris, rue des Cinq-Diamans, n. 2 : Fruits en cire.

1226 *Montmirel* et *Landray*, rue du Cloître-Notre-Dame, n. 18 : Instrumens de chirurgie.

1227 *Fleig*, à Paris, rue Montorgueil, n. 57 : Piano.

1228 *Filhol*, à Paris, rue de Rohan, n. 24 : Appareil pour soulever les malades.

1229 *Gaut*, à Paris, faubourg du Temple, n, 27 : Bronzes.

1230 *Battandier*, à Paris, quai Voltaire, n. 5; Sellerie et Coffreterie.

1231 *Chevallier*, à Paris, rue Neuve-Saint-Jean, faubourg Saint-Martin, n. 4 : Petite taillanderie.

1232 *Merley*, à Paris, rue Saint-Denis, n. 304: Bourrelets élastiques.

1233 *Mantoux*, à Paris, rue du Paon-Saint-André, n. 1 : Encre et Papier lithographique.

1234 *Aiguebelle* (d'), à Paris, rue Neuve-Guillemin, n. 18 : Pierres et Epreuves de lithographie et Gravures transportées.

1235 *Brunot*, à Passy, (Seine): Cordes sans fin.

1236 *Patry*, à Paris, rue Ménilmontant, n. 10 : Imitation de bronze.

1237 *Douchemont*, à Paris, rue de Tracy, n. 6 : Toiles métalliques,

1238 *Boquet* et *compagnie*, à Passy, (Seine) : Eaux minérales factices.

N.os MM.

1239 *Dablaing*, *Tomasin* et *Estabelle*, à Paris, rue du Sentier, n. 18 : Tulles unis et brodés. Médaille en argent en 1827.

1240 *Ultriot*, à Paris, rue des Anglais, n. 8 : Piano.

1241 *Elie*, à Paris, rue Bourg-l'Abbé, n. 22 : Objets en albâtre, Agate et autres pierres.

1242 *Thompson*, à Paris, quai Conti, n. 17 : Gravures sur bois. Médaille en bronze en 1819. Médaille en argent en 1823. Rappel en 1827.

1243 *Chenet*, à Paris, rue Montholon, n. 38 : Appareil pour la destruction des charençons sur les blés.

1244 *Simon*, à Paris, rue Basse-du-Rempart, n. 44, Meubles élastiques.

1245 *Sellier* et *Wilhem*, à Paris, rue Geoffroy-Langevin, n. 11 : Gibernes.

1246 *Chochina*, au Bourget (Seine) : Pâtes alimentaires. Citation honorable en 1827.

1247 *Chavant*, à Paris, rue de Cléry, n. 19 : Papiers réglés et de couleur pour dessins des manufactures.

1248 *Vincent*, à Paris, rue de Beaune, n. 4 : Tabletterie.

1249 *Terrat* et *William*, à Paris, rue du Puy-Vendôme, n. 7 : Meubles en laque.

1250 *Walther*, à Paris, Faubourg-Montmartre, n. 10 : Pianos. Mentionné honorablement en 1827.

1251 *Tissot*, à Paris, rue Richelieu, n. 35 : Pendule et Vases en carton et plâtre.

1252 *Andriveau*, à Paris, rue du Bac, n. 6 : Cartes géographiques.

1253 *Géré-Racine*, à Paris, Place de l'Hôtel-de-Ville, n. : Stores.

1254 *Schneider*, à Paris, rue Charonne, n. 24 : Bureau à cylindre.

1255 *Roissy frères*, à Paris, rue Richer, n. 17 : Lithographies.

Nos MM.

1256 *Bierstod*, à Paris, rue Montmartre, n. 127 : Piano. Mentionné honorablement en 1827.

1257 *Girardet*, à Paris, rue de l'Hirondelle, n. 10 : Pierre gravée.

1258 *Herbin*, à Paris, rue Michel-le-Comte, n. 21 : Cire à cacheter. Médaille en bronze en 1823. Rappel en 1827.

1259 *Aurio* (*Jean*), à Paris, rue Grenier-Saint-Lazare, n. 25 : Cannes, Manches de parapluies et Ombrelles.

1260 *Labboye*, à Paris, rue du Caire, n, 17 : Objets de chaudronnerie.

1261 *Le même* : Instrumens de musique.

1262 *Chouillou*, à Paris, rue Saint-Honoré, n. 75 : Ganterie.

1263 *Gouet*, à Courbevoie (Seine) : Cisailles.

1264 *Legros-d'Anisy*, à Paris, rue de Poitou, n. 9 : Impressions sur porcelaines et faïences. Médaille en argent en 1819. Rappel en 1823.

1265 *Perrin*, à Paris, rue des Ménétriers, n. 4 : Espagnolettes, Tenaille à tirer.

1266 *Boin*, à Paris, Palais-Royal, n. 152 : Cristaux taillés et Décors sur porcelaines.

1267 *Mercier frères*, à Paris, rue Beaubourg, n. 49 : Tabatières.

1268 *Muraine*, à Paris, rue Judas, n. 9 : Taillanderie.

1269 *Petit* (veuve), à Paris, rue Bourbon-Villeneuve, n. 19 : Filières.

1270 *Lacoste*, à Paris, rue Saint-André-des-Arts, n. 54 : Gravures sur bois.

1271 *Camus* et *Catheux*, à Paris, rue des Arcis, n. 17 : Produits chimiques.

1272 *Moulfarine*, à Paris, rue Saint-Pierre-Popincourt, n. 18 : Machine hydraulique. Médaille en bronze en 1823. Médaille en argent en 1827.

1273 *Loddé*, à Paris, rue Sainte-Avoie, n. 40 : Plumeaux.

1274 *Servain*, à Paris, rue des Beaux-arts, n. 9 : Cadres dorés.

Nos MM.

1275 *Sourds-Muets*, (Institution des) rue Saint-Jacques, n. 235 : Objets de tour.

1276 *Desquinemare*, à Paris, quai d'Aujou, n. 71 Machines.

1277 *Saulnier aîné* (*Pierre*), à Paris, rue Saint-Ambroise-Popincourt n. 5 : Soufflerie mécanique pour buffet d'orgue. Médaille en argent en 1827.

1278 *Mouchot*, à Paris, rue de Grenelle-Saint-Germain, n. 37 : Pain de dextrine.

1279 *Schmidt*, à Paris, Chaussée Ménil-Montant, n. 24: Limes. Médaille en bronze en 1823. Médaille en argent en 1827.

1280 *Normandin frères*, à Paris, rue Neuve-des-Petits-Champs, n. 5 : Quatre perruques, quatre toupets.

1281 *Roche* (*dame*), à Paris, rue de Choiseul, n. 8 *bis* : Trois corsets.

1282 *Lemonnier*, à Paris, rue du Coq-Saint-Honoré, n. 13 : Tresses en cheveux.

1283 *Constantin*, à Paris, rue des Trois-Canettes, n. 5 : Une horloge.

1284 *Thorel* (*dame*), à Paris, rue Neuve-Saint-Roch, n 20: Trois corsets.

1285 *Aimable* (*demoiselle*), à Paris, rue Neuve-des-Petits-Champs, n. 65 : Trois corsets.

1286 *Geslin*, à Paris, place de la Bourse : Eau de Cologne et Vinaigre.

1287 *Lefoye*, à Paris, rue Saint-Honoré, n. 179: Tresses en cheveux.

1288 *Brune*, à Paris, rue de Valois, Palais-Royal, n. 8 : Douze cols.

1289 *Ehrhart*, à Paris, rue Philippeaux, n. 35 : Orgue.

1290 *Régnault* (*Dame*), à Paris, rue du Marché-Saint-Honoré, n. 4 : Trois corsets.

1291 *Bouvret*, à Belleville (Seine) : Savons de toilette et de ménage, fruits artificiels.

N^os MM.

1292 *Régnier*, à Paris, galerie Véro-Dodat, n. 6 : Trois perruques, trois Toupets et trois Tours.

1293 *Frenier* dit *Plaisir*, à Paris, rue de Richelieu, n. 108 : Trois perruques, trois Toupets et trois Tours.

1294 *Nadal*, à Paris, rue des Vieux-Augustins, n. 61, Chaussures.

1295 *Gudin*, à Paris, rue de Cotte, n. 2 *bis*: Bottes et souliers.

1296 *Baudrant*, à Paris, rue Beaurepaire, n. 9 : Souliers.

1297 *Lesouef de Petigni* (*dame*), à Paris, rue Neuve-des-Petits-Champs, n. 8 : Six cols.

1298 *Voland*, à Paris, rue Traversière-Saint-Honoré, n. 33 : Guêtres et bas lacés.

1299 *Vuliy de Candole*, à Paris, rue des Martyrs, n. 48: Épiciclique, modèle de chemin de fer.

1300 *Ribourt*, à Paris, rue Saint-Méry, n. 19 : Planches de cuivre gravées pour impression sur écaille et produits de ces planches.

1301 *Kaulek*, à Paris, rue de Grenelle-Saint-Germain, n. 32: Horloge et Tournebroche.

1302 *Néau*, à Paris, quai de Valmy, n. 3 : Une baignoire en zinc.

1303 *Tellier*, à Paris, Palais-Royal, galerie d'Orléans : Trois Perruques, trois Toupets et trois Tours.

1304 *Raymond*, à Paris, rue Vivienne, n. 8 : Quatre perruques.

1305 *Allix*, à Paris, rue Neuve-des-Petits-Champs, n. 11 : Deux bustes pour coiffeurs et marchandes de Mode.

1306 *Monain*, à Paris, rue Saint-Honoré, n. 181 : Trois Toupets.

1307 *Fromont*, à Paris, rue de Lille, n. 78 : Cirages pour cuirs.

1308 *Pourrat*, à Paris, boulevart de l'Hôpital, n. 22 : Un Tilbury.

1309 *Neuber frères*, à Paris, rue Bourtibourg, n. 12: Trois balances chimiques.

1310 *Gentillot*, à Paris, rue des Fossés-du-Temple, n. 37 : Peintures à l'huile pour bâtiment.

Nos MM.

1311 *Bémy* (*de*), à Paris, faubourg Saint-Martin, n. 22 Peintures sur objets de fantaisie.

1312 *Laudoin*, à Vaugirard (Seine) : Tresses pour chapeaux de femmes.

1313 *Gallet*, à Paris, passage Panorama, n. 25 : Un microscope, une Lampe à gaz.

1314 *Mailly*, à Paris, rue Saint-Martin, n. 149 : Trois Perruques, trois Toupets, trois Tours et six Cuirs à rasoirs.

1315 *Croizot*, à Paris, rue de l'Odéon, n. 33 : Trois perruques.

1316 *Lagoutte*, à Paris, rue Bourg-l'Abbé, n. 20 : Savons et objets de parfumeries.

1317 *Sainte-Chapelle*, à Paris, place de la Madeleine, n. 1 : Appareil pour élever l'eau.

1318 *Demarne*, à Paris, place des Victoires, n. 12; Cols-Cravates.

1319 *Mayer* à Paris, passage Choiseul, n. 30 : 12 Cols-Cravates.

1320 *Sautier*, à Paris, rue Saint-Martin, n. 214 : Paillons d'or et d'argent.

1321 *Collin* (Mlle), à Paris, rue du Colombier, n. 19 : Siéges et seaux inodores.

1322 *Mathieu*, à Paris, place de la Bourse : Pièces d'horlogerie.

1323 *Mallet*, à Paris, rue Basse-du-Rempart, n. 66 : Montres et pendules.

1324 *Lebrasseur*, à Paris, rue de Charonne, n. 74 : Banc à brocher.

1325 *Georgé*, à Paris, rue Saint-Lazare, n. 94 : Ouvrages de treillageur.

1326 *Gravant*, à Paris, rue Boucher, n. 1 : Régulateur. Médaille en bronze en 1827.

1327 *Triboulet*, Paris, passage Vivienne, n. 44 : 10 Cols.

1328 *Kuhner*, à Paris, rue de la Roquette, n. 2 : Une pendule.

1329 *Jollat*, à Paris, rue Saint-Denis, n. 380 : Une machine

N°s MM.

pour les carreaux en terre cuite, id. pour la fabrication des chapeaux.

1330 *Walker*, à Paris, rue Richelieu, n. 88 : Cols, bretelles, jarretières.

1331 *Richard*, à Paris, Palais-Royal, n. 179 : Trois perruques, trois toupets, trois tours.

1332 *Valeau* et *Dubourg*, à Paris, allée des Veuves, n. 93 : Sirop de café.

1333 *Baudouin*, à Paris, rue Mandar, n. 9 : Deux lampes.

1334 *Rudler*, à Paris, quai Voltaire, n. 7 : Plan des appareils employés pour la fabrication du bouillon par la compagnie hollandaise.

1335 *Deshais*, à Paris, rue Montmartre, n. 66 : Pièces d'horlogerie.

1336 *St Aignan*, à Paris, rue de la Perle, n. : Un hache-paille, une charrue à deux socles, une araire et autres instrumens.

1337 *Gailard*, à Paris, allée des Veuves, n. 41 ; Une pompe à incendie, un modèle de machine à vapeur.

1338 *Beckers*, Paris, rue des Francs-Bourgeois, n. 18 : Pianos et harpes.

1339 *Gaglignani*, à Paris, rue Vivienne, n. 18 : Ouvrages en langue anglaise.

1340 *Guibert*, à Paris, rue de Grenelle-St-Germain, n. 115 : Bateau à vapeur.

1341 *Boutraux*, à Paris, rue de la Harpe, n. 58 : Un étui à chapeau.

1342 *Pernot*, à Paris, rue Neuve-des-Petits-Champs, n. 82 : Guêtres.

1343 *Josselin*, *Pousse* et *comp.*, rue Bourbon-Villeneuve, n. 28 : Trois corsets.

1344 *Pâris*, à Paris, passage Choiseul, 25 : Trois perruques, trois toupets, trois tours.

1345 *Proëschel*, à Paris, quai de la Cité, n. 23 : Enduit hydrofuge.

Nos MM.

1346 *Koehler* frères, à Paris, rue des Fossés-St-Germain-des-Prés, n. 12 : Reliûres.

1347 *Bonafous (Mathieu)*, à Paris, rue de l'Épron, n. 5 : Modèle de machine à égréner le maïs.

1348 *Etienne (Pierre-François)*, à Paris, boulevart Saint-Antoine, n. 52 : Une planchette perfectionnée.

1349 *Kirstein père* et *fils*, à Paris, rue Guénégaud, n. 3 : Ciselures.

1350 *Chalumeau*, à Paris, passage Sainte-Anne, n. 59 : Tableau exposant un procédé mécanique pour la coupe des habits.

1351 *L'Homond*, à Paris, rue Coquenard, n. 44 : Tissus imperméables.

1352 *Raingo*, à Paris, rue Produits chimiques.

1353 *Lyss*, à Paris, rue du Chemin-Vert, n. 39 : Marbrerie en mosaïque.

1354 *Favreau*, à Paris, au conservatoire des arts et métiers : Métier à tricoter disposé pour en faire marcher plusieurs ensemble.

1355 *Violet* et *Monpelas*, à Paris, rue Saint-Denis, n. 185 : Savons.

1356 *Durand (Prosper-Guillaume)*, à Paris, rue du Harlay, n. 5, au Marais : Meubles.

1357 *Cornuault* et *Cavaignac*, à Paris, rue Coq-Héron, n. 3 *bis* : Encre d'imprimerie.

1358 *Frindal (Nicolas)*, à Paris, rue Rocher, n. 32 *bis* : Objets en zinc.

1359 *Brouillé*, à Paris, rue Saint-Lazare, n. 120 : Lits en fer.

1360 *Dieudonnat*, à Paris, rue Fontaine-au-Roi, n. 39 : Mécanique à la Jacquart.

1361 *Becquerelle*, à Paris, rue Montholon, n. 26 : Appareil de chauffage.

Nos MM.

1362 *Despruneaux*, à Paris, rue du Cherche-Midi, n. 71 : Instrumens de chirurgie en caoutchouc.

1363 *Jolly*, à Paris, rue Saint-Martin, n. 238 : Chaudières et Échantillons de teinture.

1364 *Rouget*, à Paris, rue Neuve-Saint-Georges, n. 5 : Modèles d'échafauds mobiles.

1365 *Delallée*, à Paris, rue Vieille-du-Temple, n. 124 : Machine à battre le blé et le plâtre.

1366 *Simard père et fils*, à Paris, rue Grenier-Saint-Lazare, chez M. Bouju : Baguettes en mosaïque et marqueterie.

1367 *Rey (dame)*, à Paris, rue : Blondes blanchies.

1368 *Lefebvre*, à Paris, rue de Richelieu, n. 46 : Chapeaux de soie.

1369 *Jalade Lafont*, à Paris, rue Vivienne, n. 23 : Bandages.

1370 *Bernard*, à Paris, rue Marbœuf, n. 22 : Canons de fusil.

1371 *Rieussec (Nicolas-Mathieu)*, à Paris, boulevart Beaumarchais, n. 2 : Voiture, mesure et balance.

1372 *Baudain*, à Paris, rue Saint-Dominique-Saint-Germain, n. 25 : Instrumens aratoires.

1373 *Ravinet (demoiselle)*, à Paris, rue Dentelles blanchies.

1374 *Villemsens*, à Paris, rue Michel-Lecomte, n. 18 : Bronzes.

1375 *Dabignac*, à Paris, au Marché Saint-Honoré, n. 24 : Appareil de fumigation.

1376 *Frichet*, à Paris, rue Saint-Benoît, n. 19 : Reliûres mobiles.

1377 *Allizeau (demoiselle)*, à Paris, rue Préparations d'objets d'histoire naturelle.

1378 *Legué*, à Paris, rue Saint-Honoré, n. 137 : Huile pour l'horlogerie.

1379 *Dupré (veuve)*, rue Quincampoix, n. 63, passage Beaufort : Écrans.

Nos MM.

1380 *Guilhem aîné* et *fils* (Ve) et *Tissier*, à Conquet (Finistère) : Produits chimiques, Soude, Sel de Vârech, Muriate de potasse, Iode, etc.

1381 *Painchant*, à Kerinou, Brest (Finistère) : Crémaillère à rider.

1382 *Guezennec*, à Brest (Finistère) : Un tabouret.

1383 *Chopin*, à Brest (Finistère) : Modèle de compas.

1384 *Sanquer*, à Landernau (Finistère) : Un seau à incendie en feutre vernis au caoutchouc.

1385 *Poisson* et *Compagnie*, à Landernau (Finistère) : Trois pièces de toile et Échantillons de toiles à voiles.

1386 *Hamel*, à Brest (Finistère) : Un chapeau vernis.

1387 *Ilion*, à Lannilis (Finistère) : Un pivot avec crapaudine.

1388 *Morier*, à Brest (Finistère) : Boîte d'instrumens de chirurgie.

1389 *Huau fils*, à Brest (Finistère) : Instrumens de chirurgie.

1390 *Cerf*, à Brest (Finistère) : Échantillons de toile vernie.

1391 *Simon*, à Brest (Finistère) : Produits chimiques, Goudron.

1392 *Schmidt*, à Brest (Finistère) ; Quatre volumes reliés.

1393 *Masson*, à Trémaouézan (Finistère) : Échantillons de toile rurale.

1394 *Legall* (*Guillaume*) à Plougastel (Finistère) : Échantillon de toile rurale.

1395 *Lebot* (*Jean*), à Plougastel (Finistère) : Échantillon de toile rurale.

1396 *Kervellu* (*Pierre*), à Plougastel (Finistère) : Toile rurale.

1397 *Kervellu* (*Claude*), à Plougastel (Finistère) : Toile rousse.

1398 *Lavalée neveu*, à Brest (Finistère) : Capote vernie.

Nos MM.

1399 *Grenard* à Brest, (Finistère) : Boîte de vernis pour les meubles.

1400 *Casteran*, à Châteauneuf (Finistère) : Un fusil à piston, nouveau modèle.

1401 *Carteran* (*Jean-Baptiste*), à Châteauneuf (Finistère) : Divers outils, Tourniquet pour la pêche, Outil à tailler les queues de billard, etc.

1402 *Clermon-Felep*, à Locronan (Finistère) : Toile métis, simple et double.

1403 *Cosquer*, à Quimper (Finistère) : Échantillons de quincaillerie.

1404 *Touboulic*, à Brest, (Finistère) : Bouée de sauvetage, Boussole de relèvement perfectionnée, un Oscillomètre.

1405 *Kermarec*, à Brest (Finistère) : Modèle d'échelle flottante et à incendie, montée dans un chaland; Modèle d'échelle à incendie dans une citerne, à voiles, etc.; Barre à coulisse propre au service des fenêtres dans les incendies ; Modèle de corset pour les pompiers. Médaille en bronze en 1823. Médaille en argent en 1827.

1406 *Lejeune père*, à Brest (Finistère) : Cuir baudrier.

1407 *Lavallée neveu*, à Brest (Finistère) : Cuirs divers.

1408 *Marfitte*, à Brest (Finistère) : Cuirs divers.

1409 *Séval*, à Kerinou en Lanbézellec (Finistère) : Cuir à l'huile et corroyé.

1410 *Felep* (*Gilbert*), à Landernau (Finistère) : Un veau sec d'huile.

1411 *Delahubaudière jeune*, à Loc-Maria, faubourg Quimper (Finistère) : Vases de grès et Faïence brune.

1412 *Andrieux frères*, à Morlaix (Finistère) : Papier bulle pour fabrication de tenture.

1413 *Laloutre* (*Guillaume*), à Saint-Thégonnet (Finistère) : Toile à serviette et Toile fleuret extra-fine.

Nos MM.

1414 *Montfort père*, à Landivisiau, (Finistère) : Veaux parés.

1415 *Demelun*, à Landivisiau (Finistère) : Vache.

1416 *Tilly*, *Fidières* et *Compagnie*, à Morlaix (Finistère) : Sucre de betteraves, brut et raffiné.

1417 *Quecinec* (*Yves*), à Guiclan (Finistère) : Rampes nouvelles sans dents.

1418 *Lairan*, à Brest (Finistère) : Échelle-pompe.

1419 *Valognes* (atelier de charite de) (Manche) : Voile en tulle de soie noire. Médaille en bronze en 1827.

1420 *Cherbonnier*, à Chauvigny (Vienne) : Cuirs.

1421 *Vigry*, à Vouneuil-sous-Biard, près Poitiers (Vienne) : Tricots divers et Bonnets.

1422 *Baudouin père*, à Poitiers (Vienne) : Echantillons de laine.

1423 *Lalande*, à Lusignan (Vienne) : Cuirs de laine.

1424 *Châtelleraut* (Manufacture d'armes de (Vienne) : Fusil, Sabres et Poignards.

1425 *Blondy*, à Dussac, arrondissement de Nontron (Dordogne) : Essieu en fer forgé et barres de fer au charbon de bois.

1426 *Borde dit l'Angoumois*, à Riberac (Dordogne) : Ecrou pour presse et pressoir dont les filets en fer forgé sont incrustés dans le cylindre.

1427 *Brard*, à Saint-Lazare, arrondissement de Sarlat (Dordogne) : Essais de cartons et papiers fabriqués avec du bois pourri.

1428 *Delanoue*, à Millac, arrondissement de Nontron (Dordogne) : Deux pots en faïence, un bocal de manganise pulvérisé, provenant d'une nouvelle concession exploitée à Millac.

1429 *Dupont* (*Auguste et compagnie*), à Périgueux (Dordogne) : Pierres lithographiques.

1430 *Festugière frères*, à Tayac, arrondissement de Sarlat (Dordogne) : Fers divers, un laminoir de fonte trem-

N°ˢ MM.

pée, un sac de balles en fer dites biscaïens, fabriquées au laminoir, etc.

1431 *Lebriat*, à Perigueux (Dordogne) : Un emporte-pièce pour tailler les semelles d'un seul coup et outils pour s'en servir.

1432 *Bissou fils*, à Suquet, commune de Saint-Martin de Fressengeas, arrondissement de Nontron (Dordogne): Manganèse en grains et en poudre.

1433 *Bouchon jeune*, à Bergerac (Dordogne) : Chanvre préparé par un nouveau procédé et cordes et ficelles en provenant.

1434 *Schneeg*, à Lardin, commune de Saint-Lazare (Dordogne): Chaux hydraulique calcinée à la houille et éteinte par immersion.

1435 *Fonclare*, à Lardin, commune de St.-Lazare (Dordogne) : Tuiles plates en verre bleu et verdet propre à l'éclairage des greniers et des ateliers.

1436 *Hamelin*, aux Andelys (Eure) : Soies de différentes couleurs.

1437 *Vulliamy*, à Nonancourt (Eure) : Laine filée.

1438 *Gaillon* (*Maison centrale de détention*) (Eure) : objets d'ébénisterie, de laine, de paille, paires de chaussons, lacets, articles de rouennerie, blouses, gants et chapeaux de paille. Citation honorable en 1823. Mentionnée honorablement en 1827.

1439 *Charpentier* (*Alexandre*), à Vitry-le-Français (Marne): Machine à déblayer, charger et transporter les terres.

1440 *Gonord-Rosse*, à Ouitray (Eure) : Quincaillerie.

1441 *Lecouteulx et compagnie*, à Romilly (Eure) : Bottes de fil de laiton, objets de cuivre jaune et rouge, objets en zinc ; deux tableaux contenant divers objets et une botte de vitriol.

1442 *Angers* (*Ecole royale des arts et métiers d'*) (Maine-et-Loire): Horloge, machine à aléser, modèle de tour cylindrique de Fox, étaux, un tour à l'archet avec sa poupée à lunette, deux filières de dimensions différentes; deux

Nos MM.

tours, un assortiment d'outils d'ajusteur, diverses pièces de fonte, clefs, étaux, etc. Mention hon. en 1827.

1443 *Grinoult* et *Feloppe*, à Beaumont-le-Roger (Eure) : Bouteilles.

1444 *Bellème*, à Evreux (Eure) : Pièces de coutils.

1445 *Masselin frères*, à Drucourt (Eure) : Rubans de fil.

1446 *Loquet* et *compagnie*, à Thiberville (Eure) : Paquets de rubans.

1447 *Didot* (*Frédéric-Firmin*), à Mesnil-sur-l'Estrée (Eure) : Papiers.

1448 *Doublet jeune* et *Piquenot*, à Bernay (Eure) : Bretelles et rubans.

1449 *Martin* (*Jean-François*), à la Couture (Eure) : Instrumens de musique.

1450 *Conard* (*veuve*), à Drucourt (Eure) : Rubans et bretelles.

1451 *Plummier* et *Clouet*, à Pont-Audemer (Eure) : Cuirs vernis.

1452 *Vallery* (*Charles*), à Saint-Paul sur Risle (Eure) : Bois de teintures.

1453 *Foulon*, à Saint-Martin du Tilleul (Eure) : Toile à serviettes en fil de lin.

1454 *Baron d'Arlincourt*, à Thierceville près Gisors (Eure) : Cuivre et zinc.

1455 *Leroy*, à Thiberville (Eure) : Rubans de percale.

1456 *Fouquet père*, à Rugles (Eure), deux boîtes d'épingles, deux tableaux contenant divers objets.

1457 *Aubé frères*, à Beaumont-le-Roger (Eure) : 3 pièces de draps. Médaille en or en 1823. Rappel en 1827.

1458 *Desmares Thelot*, à Evreux (Eure) : Quatre paires de bas.

1459 *Christ-Chardon*, à Gravigny (Eure) : Laine filée.

1460 *École royale des arts et métiers de Châlons* (Marne) : Modèles de machine à raboter le fer, à tarauder; grue

1 osMM.

double, pompe à incendie, pièces de serrurerie, étaux à chaud, enclume-filière, etc.

1461 *Pilet*, à Néaufles (Eure): Moules en cuivre.

1462 *Fouquet*, *Paul* et *comp.*, à St-Laurent-du-Tencement (Eure): Zinc.

1463 *Mourin*, *Brenot* et *Meillonas*, à Dijon (Côte-d'Or): Pointes de Paris perfectionnées.

1464 *Alard Décorbie*, à Reims (Marne): Flanelles et Napolitaines.

1465 *Leroux* (*P.-J.*), à Vitry-le-Français (Marne): Six flacons contenant des préparations de la Salicine.

1466 *Houzeau-Muiron*, à Reims (Marne): Divers échantillons d'huile provenant des eaux savonneuses, seaux à incendie, sulfate de potasse, savons.

1467 *Devilleneuve* (*Étienne*), à Trappes (Seine-et-Oise): Une charrue Pluchet perfectionnée.

1468 *Watts*, *Wrigley fils* et *comp.* à Itteville près la Ferté-Aleps, (Seine-et-Oise): Soies filées, fantaisie.

1469 *Rémond*, à Versailles (Seine-et-Oise): Limes et outils. — Médaille en or en 1823.

1470 *Simon* et *Besançon*, au Pecq (Seine-et-Oise): Pains de céruse.

1471 *Roussel* (*J. B.*), à Versailles (Seine-et-Oise): Réveil-matin de nouvelle invention.

1472 *Écharcon* (*Société anonyme de la papeterie mécanique d'*) (Seine-et-Oise): Papiers de qualités diverses.

1473 *Girard* (*J.*), à Sèvres (Seine-et-Oise): Châles-cachemires façon indienne. Médaille en argent en 1827.

1474 *Biétrix* (*Laurent*), à Villepreux (Seine-et-Oise): Tissus mérinos, tissus cachemires. Mentionné honorablement en 1823. Médaille en argent en 1827.

1475 *Touze fils*, à Essonnes (Seine-et-Oise): Tuyaux en toile sans couture.

1476 *Dupré*, au Pecq (Seine-et-Oise): Echantillons de céruse. Médaille en bronze en 1827.

N°s MM.

1477 *Delbut* (*L. F.*), à Saint-Germain (Seine-et-Oise): Cuirs tannés.

1478 *Dollfus, Baumgarten* et *comp.*, à Bièvres (Seine-et-Oise): Toiles peintes. Médaille en argent en 1823.

1479 *Hudde*, à Villiers-le-Bel (Seine-et-Oise) : Serrures.

1480 *Metcalfe*, à Meulan (Seine-et-Oise) : Cardes pour laine et coton. Médaille en bronze en 1823. Médaille en argent en 1827.

1481 *Augan*, à Sèvres (Seine-et-Oise) : Impressions sur toile, soie et châles.

1482 *Bapterosse*, à Bièvres (Seine-et-Oise) : Pièces en cuivre à coulisses, compas d'artiste, outils fabriqués à la mécanique.

1483 *Bauzon*, à Versailles (Seine-et-Oise) : Sécateur.

1484 *Lucas*, à Versailles (Seine-et-Oise) : Cordes. Citation honorable en 1827.

1485 *Bourgeois*, à Rambouillet (Seine-et-Oise) : Charrue cosmopolite avec sa herse, échantillon de laine mérinos. Médaille en bronze en 1823. Médaille en argent en 1827.

1486 *Pfeiffer* (*Émile*), à Versailles (Seine-et-Oise) : Pianos palyssandre et acajou. — Médaille en argent en 1823. Rappel en 1827.

1487 *Jacot* (*Auguste*), à Versailles (Seine-et-Oise) : Pièces marines, chronomètre de poche.

1488 *Benoît* (*Achille*), à Versailles (Seine-et-Oise) : Montre marine perfectionnée.

1489 *Goujon* (*Abel*), à Saint-Germain (Seine-et-Oise) : Typographie. Un modèle impression en or.

1490 *Huard*, à Versailles (Seine-et-Oise) : Chronomètre, montre de poche.

1491 *Beauvais* (*Camille*), à Draviel (Seine-et-Oise) : Soie blanche.

1492 *Ratel*, à Versailles (Seine-et-Oise) : Outils à l'usage des colonies.

Nos MM.

1493 *Galy Cazalat*, à Versailles (Seine-et-Oise) : Pompe à incendie. Fusil à deux coups. Voiture à vapeur. Un phare.

1494 *Geslain*, à Illiers (Eure-et-Loir) : Charrue.

1495 *Goupil* (*Ad.*), à Boussard (Eure-et-Loir) : Divers objets en fonte. Mentionné honorablement en 1827.

1496 *Rousseau*, à Chartres (Eure-et-Loir) : Fusils et pistolets. Mentionné honorablement en 1827.

1497 *Chartron père* et *fils*, à Saint-Vallier (Drôme) : Soies, crêpes et gazes. Médaille en bronze en 1819. Médaille en argent en 1823. Rappel en 1827.

1498 *Delacour* et *fils*, à Tain (Drôme) : Soie grège à trois et quatre bouts. Médaille en bronze en 1823.

1499 *Barral frères*, à Crest (Drôme) : Soie jaune et organsin.

1500 *Mercier fils*, à Crest (Drôme) : Soie grège et organsin.

1501 *Noyer frères*, à Dieulefit (Drôme) : Soie grège et trame à deux bouts.

1502 *Sambuc* et *Noyer*, à Dieulefit (Drôme) : Trame, Soie jaune à deux bouts vingt-quatre deniers. Médaille en bronze en 1823. Rappel en 1827.

1503 *Bonnefoy* (*Pierre*) et *Compagnie*, à Dieulefit (Drôme) : Organsin et Trame à vingt-quatre deniers. Mentionné honorablement en 1823.

1504 *Verdet frères*, à Lebuis (Drôme) : Organsin et Soie grège jaune.

1505 *Eymieu*, *Faure* et *Compagnie*, à Saillans (Drôme) : Bourre de soie filée pour chapellerie. Médaille en argent en 1819. Rappel en 1823.

1506 *Brisset oncle* et *neveu*, à Crest, (Drôme) : Fantaisie pour trame, n. 100.

1507 *Autran cousins*, à Crest (Drôme) : Pièce castorine noire.

1508 *Rouffier* et *Charbonneau frères*, à Crest (Drôme) : Échantillons de sucre de betteraves, dit sucre brut clairée.

1509 *Latune* et *Compagnie*, à Crest (Drôme) : Papiers divers. Médaille en bronze en 1823.

Nos MM.

1510 *Révol père* et *fils*, à Saint-Uze (Drôme) : Porcelaine brune à feu. Citation honorable en 1823, Mentionné honorablement en 1827.

1511 *Oriol* et *Compagnie*, à Saint-Vallier (Drôme) : Poterie en porcelaine.

1512 *Vignal aîné*, à Dieulefit (Drôme) : Poterie commune.

1513 *Caron*, à Saint-Valery, arrondissement d'Abbeville (Somme) : Serrures diverses.

2514 *Sterlin* et *Compagnie*, à Woincourt, arrondissement d'Abbeville, (Somme) : Serrures diverses.

1515 *Lemaire* et *Randoing*, à Abbeville (Somme) : Draps et Cuir de laine.

1516 *Lefort* (*Isidore-Théophile*), à Roisel, arrondissement de Péronne (Somme) : Étoffes écrues en laine et coton, dites *jacquart*.

1517 *Leclercq* (*Jean-Pierre*) à Roisel, (Somme) : Étoffes de coton, rayure façonnée.

1518 *Devrainne* (*Pierre-Michel*), à Roisel (Somme) : Étoffes de coton façonnées, dites *brianté*.

1519 *Beaudré* (Mme), à Roisel (Somme) : Étoffes de coton satinées, dites *jacquart*.

1520 *Leclercq* (*Didier*), à Roisel (Somme) : Étoffes de coton satinées, dites *brianté*.

1521 *Wise* (*Edouard*), à Saint-Sulpice-les-Douleurs (Somme) : Papier pour dessin.

1522 *Laurent* (*Henry*) et *fils*, à Amiens (Somme); Tapis raz double, Tissus sans envers, Triple tissu broché. Médaille en bronze en 1824. Rappel en 1827.

1523 *Carette* (*Charles*), à Amiens (Somme) : Crin, Corde nouvelle pour la marine, Tissu végétal pour meubles.

1524 *Pouret* (*Joseph*), à Plessier, arrondissement de Montdidier, (Somme) : Une paire de peignes à laines.

1525 *Gamand* et *Armand*, à Amiens (Somme) : Échantillons de laines peignées en gras et dégraissées.

1526 *Boudon-Caron*, à Amiens (Somme) : Deux ouvrages de typographie.

N°ˢ MM.

1527 *Fruictier*, à Bouttencourt (Somme) : Dessein d'une nouvelle machine à tordre et envider le coton.

1528 *Joly, fils aîné*, à Saint-Servan (Ille-et-Vilaine) : Filets et Lignes de pêche.

1529 *Mandet* et *Métairie*, à Montfort, (Ille-et-Vilaine) : Cuirs corroyés.

1530 *Desbouillons fils*, à Châteaugiron (Ille-et-Vilaine) : Toiles à voiles.

1531 *Saint-Marc*, *Porten* et *Tétiot aîné*, à Rennes (Ille-et-Vilaine : Toiles à voiles. Mentionné honorablement en 1819. Médaille en bronze en 1823. Rappel en 1827.

1532 *Leboucher-Villegaudin, fils aîné*, à Rennes, (Ille-et-Vilaine) : Un tisseur à navette volante à deux mains.

1533 *Leboucher-Villegaudin père*, à Rennes (Ille-et-Vilaine) : Toiles à voiles. Médaille en argent en 1823. Rappel en 1827.

1534 *Maguette*, à Paimpont (Ille-et-Vilaine) : Échantillons de pierres artificielles, un outil pour la fonte et une molette pour terminer le fond des sections dans les cylindres pour le fer carré.

1535 *Guaita*, *Antoine* et *Compagnie*, à Zornhoff (Bas-Rhin) : Collection d'outils de quinquaillerie. Médaille en bronze en 1827.

1536 *Marin* et *Schmidt*, à Strasbourg, (Bas-Rhin) : Globes célestes ou terrestres.

1537 *Saglio (B)* et *Compagnie*, à Biblisheim, (Bas-Rhin) : Fils de lin écrus, filés par machines sur le système anglais.

1538 *Bourguignon* et *Schmidt*, à Bischwiller, (Bas-Rhin) : Gants, Chaussons et Bonnets en tricot, Brodequins pour enfans.

1539 *Dournay frères*, à Lobsann (Bas-Rhin) : Bitume et Mastic minéral, Papier bituminé. Médaille en bronze en 1823. Rappel en 1827.

1540 *Coulaux aîné* et *Compagnie*, à Molsheim (Bas-Rhin) :

Outils de toute espèce laminés. Médaille en or en 1823. Rappel en 1827.

1541 *Aubineau* (*Louis*), à Strasbourg, (Bas-Rhin) : Une boîte à réveil.

1542 *Bouxwiller* (*Société des mines de*) : Produits chimiques. Alun, Sulfate de fer, Vitriol, Bleu de Prusse, Bleu minéral, etc. Médaille en argent en 1823. Rappel en 1827.

1543 *Schweighauser*, à Strasbourg (Bas-Rhin) : Vases de fonte émaillés.

1544 *Stollé*, *Schnéegans* et *Compagnie*, à Strasbourg, (Bas-Rhin) : Produits chimiques, Céruse, Jaune de chrôme, Laque rouge, Bleu de Saxe, etc.

1545 *Dietrich* et *fils* (veuve), à Niederbronn (Bas-Rhin) : Pièce de fonte et de forge. Mentionné honorablement en 1823 et Médaille en bronze en 1827.

1546 *Seib* (*Jean-Adam*), à Strasbourg (Bas-Rhin) : Toiles, Taffetas et Tapis cirés.

1547 *Rollé* et *Schwilgué*, à Strasbourg, (Bas-Rhin) : Balances, Cric, Horloge, Compteur et Marqueur. Médaille en bronze en 1823. Médaille en argent en 1827.

1548 *Titot*, *Chastellux* et *Compagnie*, à Haguenau (Bas-Rhin) : Cotons filés, Coutils et Calicot. Citation honorable en 1827.

1549 *Emmerich* et *Jean-Baptiste Georges fils*, à Strasbourg (Bas-Rhin) : Maroquins divers. Médaille en argent en 1823.

1550 *Berliner* (*Arnold*), à Strasbourg (Bas-Rhin) : Plastron orthopédique et Porte-plume pour apprendre à écrire.

1551 *Gabert fils aîné et Genin*, à Vienne (Isère) : Draps et cuirs de laine.

1552 *Barjon fils aîné*, à Vienne (Isère) : Porces pour les papiers et draps à filtrer la colle et les matières employées pour le collage à la cuve.

1553 *Berthaud fils et Manignet*, à Vienne (Isère) : Draps et cuirs de laine.

Nos MM.

1554 *Berger*, à Hières (Isère) : Echantillon de soie grège perfectionnée.

1555 *Cournier*, à Crolles (Isère) : Echantillon de soie grège perfectionnée.

1556 *Brenier*, à Grenoble (Isère) : Produits chimiques, Couperose.

1557 *Charbonneau*, à Latour-du-Pin, arrondissement de Latour-du-Pin (Isère) : Sucre de betteraves.

1558 *Rochet aîné et Revol*, à Bonnevaux (Isère) : Produits chimiques.

1559 *Blanchet frères* et *Kleber*, à Rives (Isère) : Papiers de toute dimension, fabriqués à la mécanique.

1560 *Jacquemet*, à Voiron (Isère) : Toiles écrues.

1561 *Badin père et fils* et *Lambert*, à Vienne (Isère) : Draps en cuirs de laine et castorines. Médaille en argent en 1823. Rappel en 1827.

1562 *Gentil* et *Cuttin*, à Vienne (Isère) : Cartons divers pour l'apprêt des draps et châles, des soieries et pour le décatissage.

1563 *Frère Jean*, à Pont-l'Evêque, arrondissement de Vienne (Isère) : Produits métalliques en cuivre, tôle et zinc et échantillons de minreais. Médaille en or en 1827.

1564 *Blanchet frères*, à Saint-Gervais (Isère) : Fers et aciers.

1565 *Durand*, à Riouperou et Fourvoirie (Isère) : Fontes de fer.

1566 *Genissieux*, à Vienne (Isère) ; Fontes.

1567 *Giroud père*, à Allevard (Isère) : Fontes de fer.

1568 *Gourju*, à Rives (Isère) : Aciers.

1569 *Vial fils aîné*, à Renage (Isère) : Fers at aciers.

1570 *Bouvard* et *Jouffray*, à Vienne (Isère) : Une machine découpeuse.

1571 *Perier* (*Aug.*) et *comp.*, à Vizille (Isère) : Impression sur toutes les étoffes de Lyon, soie, laine, cachemire, et toutes espèces de tissu. Méd. en argent en 1819 (1).

1572 *Perregaux* et *compagnie*, à Jallieu (Isère) : Toiles peintes.

(1) Tous les dessins exposés appartiennent à M. Defille, à Paris, rue Saint-Anne.

Nos MM.

1573 *Mongolfier* (*François-Michel*), à Vidalon-les-Annonay (Ardèche) : Papiers divers. Médaille d'or (rappel en 1819). Médaille en argent en 1823.

1574 *Lioud* (*François*), à Annonay (Ardèche) : Soie, grège et ouvrée.

1575 *Joannard*, à Annonay (Ardèche) : Six peaux de chevaux mégissées pour gants d'hommes.

1576 *Johannot* (*François*) : à Annonay (Ardèche) : Papiers divers. Rappel et médaille en or en 1819.

1577 *Lesty fils aîné*, à Annonay (Ardèche) : Peaux de chevreaux mégissées.

1578 *Prinsac*, à Saint-Etienne de Boulogne (Ardèche) : Echantillon de soie grège.

1579 *Canson frères*, à Vidalon-les-Annonay (Ardèche) : Papiers divers. Médaille en or en 1823.

1580 *Dillon aîné*, à Xivray, arrondissement de Commercy : Gants et bas en fil d'Écosse.

1581 *Delaplace*, à Jeand'heures, *arrondissement* de Bar-le-Duc (Meuse) : Papiers divers.

1582 *Werly* (*Jean*), à Bar-le-Duc, Meuse : Un corset sans couture.

1583 *Soutain* (*Jean-Claude*) : à Saint-Michel (Meuse) : Cotons à broder.

1584 *Muel-Doublat*, à Abainville, arrondissement de Commercy (Meuse) : Echantillons de fers. Médaille en bronze en 1827.

1585 *Pierson* et *Thomas*, à Jeand'heures, arrondissement de Bar-le-Duc (Meuse) : Échantillons de fer.

1586 *Gigault d'Olincourt*, à Bar-le-Duc (Meuse) : Dessins de machines et produits lithographiques.

1587 *Frestel* (*Jean-Auguste*), à Saint-Lô (Manche) : Divers objets de coutellerie. Médaille en bronze en 1827.

1588 *De Pracontal*, à Bion (Manche) : Diverses pièces en fonte et une pièce en fer.

N°s MM.

1589 *Guion-Desmoulins*, à Coutances (Manche) : Marbres divers de Coutances. Mentionné honorablement en 1827.

1590 *Couturier* (*Noel-Agnès*) *et Le Buhotel*, à Cherbourg (Manche) : Produits chimiques.

1591 *Gaulard* (*Michel-François-J :lien*), à Saint-Barthélemy (Manche) : Papiers divers.

1592 *Morel* (*André-Jean*), à Brocans, près Sourdeval (Manche) : Papiers divers.

1593 *Lécluse-Biard*, à Saint-Lô (Manche) : Coutils de coton et de fil.

1594 *Vallée-le-Rond*, à Rouen (sa fabrique dans les arrondissemens de St.-Lo et Coutances (Manche) : Coutils et autres tissus de coton, Madapolam et Lacets.

1595 *Société-Anonyme*, dirigé par M. Orford, à Négréville (Manche) : Cotons filés.

1596 *Avranches* (hospice d') (Manche) : Blondes en fil et Blondes en soie. Mentionné honorablement en 1819.

1597 *Lambert*, à St.-Lo (Manche) : Finette et Droguet en laine. Citation en 1827.

1598 *Leparquois* (*Victor*), à St.-Lo (Manche) : Finette en laine.

1599 *Binard* (*dame Roussel*), à Saultchevreuil (Manche) : divers Cribles.

1600 *Mosselmann*, à Valcanville (Manche) : Zinc laminé Médaille en argent en 1823.

1601 *Dubois-Robert*, au Puy (Haute-Loire) : Sonnettes, Grelots et Timbre d'horloge.

1602 *Palissard* (*Paulin*), à Gimont (Gers) : Tombereau mécanique, pour le transport des terres.

1603 *Gery* (*de Saint-*), à Magnas (Gers) : Sucre de betteraves brut.

1604 *Hugues*, à Bordeaux (Gironde) : Semoirs et Sarcloirs

1605 *André* (*Jean*), à Périgny (Charente-Inf.) : Une Charrue.

N°s MM.

1606 *Bouchet (Jacques)*, à Montendre (Charente-Inf.) : Chapeaux en feuilles de latanier.

1607 *Guibal-Anneveaute (Louis David)*, à Castres (Tarn) : Draps divers. Médaille d'or en 1823; rappel en 1827.

1608 *Guibal (Julien)* jeune et comp., à Castres (Tarn) : Draps divers.

1609 *Baux*, aîné et comp., à Mazamet (Tarn) : Flanelles diverses.

1610 *Vène, Houlès, Cormouls* et comp., à Mazamet (Tarn) : Flanelles diverses.

1611 *Glsclard (Jean-Jacques)*, à Albi (Tarn) : Essence d'Anis vert.

1612 *Larnabé et Ventouillac*, à Lavaur (Tarn) : Tour et Fourneau, pour l'étirage de la soie ou filature des cotons.

1613 *Nozières* aîné, à Castres (Tarn) : Filoselle mérinos.

1614 *Debar (Joseph-Paul)*, à Lavaur (Tarn) : Briques et Carreaux d'appartement.

1615 *Barondutaya*, à l'Hermitage (Côtes-du-Nord) : Toiles de Bretagne, Serviettes.

1616 *Blaise (Joseph)*, à Guingamp (Côtes-du-Nord) : Toile dite de Pedernée.

1617 *Dutertre* frères, à Dinan (Côtes-du-Nord) : Coutils, et Étoffes en coton, et Fils de laine; Tuyaux à incendie en fil de chanvre.

1618 *Rochard (Julien)*, à Lamothe (Côtes-du-Nord) : Fils de lin. Citation en 1827.

1619 *Doniol* fils, à Guingamp (Côtes-du-Nord) : Fils de lin retords. Citation en 1827.

1620 *Blaize (Joseph)*, à Guingamp (Côtes-du-Nord) : Fils de lin retors.

1621 *Lemarchand*, à Guingamp (Côtes-du-Nord) : Cuirs et Peaux. Mention honorable en 1827.

1622 *Barondutaya*, à l'Hermitage (Côtes-du-Nord) : Fonte brute, de 1re 2e et 3e fusion; et 2 Vases de 2e fusion.

Nos MM.

1623 *Tertrais et Jacqueau*, à Tours (Indre-et-Loire) : Drap et castorine.

1624 *Pallu* jeune et fils, à Portillon près Tours (Indre-et-Loire) : Minium et Céruse.

1625 *Patin*, et comp., à la Thibaudière (arrondissement de Loches) (Indre-et-Loire) : Échantillons de papier.

1626 *Bellanger père et Nourisson*, à Tours (Indre-et-Loire) : Tapis divers, et Couvertures. Médaille en bronze en 1827.

1627 *St.-Bris* (*de*), à Amboise (Indre-et-Loire) : Limes et Aciers. Médaille en or en 1823. Rappel en 1827.

1628 *Gignoux*, et comp., à Sauveterre et Guzorn (Lot-et-Garonne) : Divers produits en Fonte; Boulets, Obus, Bombes et Fer forgé. Médaille bronzée en 1827.

1629 *Ballande* (*Casimir*), à Guzorn (Lot-et-Garonne) : Papiers divers.

1630 *Aignan* (*Joseph*), à (Lot-et-Garonne) : Serviette damassée par un nouveau procédé.

1631 *Geruzet* (*Aimé*), à Bagnères de Bigorre (Hautes-Pyrénées) : Cheminées en marbre, Tables, et échantillons de marbre de Bagnère de Bigorres.

1632 *Spindler* (*Auguste et comp.*), à Plancher-les-Mines (Haute-Saône) : Objets de Quincaillerie, Serrurerie, Bouclerie et Vis. Médaille en bronze obtenue en 1827, sous la raison sociale de Lacompar.

1633 *Bayer* (*de*), à Lachaudeau (Haute-Saône) : Fer-blanc. Médaille en or en 1837.

1634 *Mugnier* (*Charles*), à Gray (Haute-Saône) : Tissus en crin.

1635 *Curtel*, à Quers (Haute Saône) : Tissus de coton croisé teints en noir.

1636 *Wislin*, à Gray (Haute-Saône) : Viandes conservées par dissection.

1637 *Ecole du prince de Chimay*, à Menars (Loir-et-Cher) : Tilbury; Charrue à la Grangé, Crics, Outils divers, Table de nuit, Coffre en bois, etc.

Nos MM.

1638 *Chevallier-Rouet*, à Saint-Aignan (Loir-et-Cher) : Cuir à la Jusée.

1639 *Guillou (Michel-Louis)*, à Vendôme (Loir-et-Cher) : Sabots nouveaux.

1640 *Rouet et compagnie*, à Saint-Aignan (Loir-et-Cher) : Cuir à la Jusée. Mentionné honorablement en 1819.

1641 *Dufay et compagnie*, à Blois (Loir-et-Cher) : Cuir à la Jusée.

1642 *Lassobe*, à Bordeaux (Gironde) : Savons.

1643 *Plantevigne*, à Bordeaux (Gironde) : Rail-vay-nautique.

1644 *Légé*, à Bordeaux (Gironde) : Papiers autographes.

1645 *Salviat*, à Bazas (Gironde) : Cuirs tannés. Citation honorable en 1819.

1646 *Leblond*, à Bordeaux (Gironde) : Toile métallique.

1647 *Mothes frères*, à Bordeaux (Gironde) : Machine à dépiquer les grains et à tiller le chanvre.

1648 *Bourdeaux aîné*, à Montpellier (Hérault) : Instrumens de chirurgie.

1649 *Crouzet (Matthieu)*, à Montpellier (Hérault) : Instrumens de chirurgie.

1650 *Faure*, à Montpellier (Hérault) : Briques pour construction de poèles.

1631 *Placide-Bouët*, à Montpellier (Hérault) : Alcoomètre, thermomètre, règle mécanique et tableau donnant le produit des vins essayés, d'après les degrés indiqués par l'alcoomètre.

1652 *Gauzy*, à Montpellier (Hérault) : Étoffe, cote-paly.

1653 *Montpellier* (Maison de détention de) (*Troupel, directeur*) : Objets divers en tricot, en côte paly, coton, paires de bas, bourre de soie, etc.

1654 *Jourdan frères*, à Lodève (Hérault) : Drap bleu teint en laine.

1655 *Barbot et compagnie*, à Lodève (Hérault) : Draps et cuir de laine.

1656 *Armingaud, Mingaut et compagnie*, à Saint-Pons et

Nos MM.

Riols (Hérault): Draps divers. Médaille en argent en 1827.

1657 *Barthès (Silvestre)*: à Saint-Pons (Hérautt): Draps divers.

1658 *Flottes frères*, à Saint-Chinian (Hérault): Draps divers. Médaille en argent en 1819.

1659 *Larguèze fils aîné*, à Montpellier (Hérault): Cuirs et peaux tannés avec l'écorce de la racine du petit chêne appelé vulgairement Garouille.

1660 *Roques frères et compagnie*, à Clermont (Hérault): Une peau de mouton tannée en cuve. Mentionné honorablement en 18: 7.

1661 *Niquel aîné*, à Béziers (Hérault): Deux pièces de cuir pour semelles.

1662 *Pagezy* et *Serres*, à Montpellier (Hérault): Couvertures.

1663 *Berard (Eugène) fils*, à Montpellier (Hérault): Produits chimiques; Alun privé de fer. Médaille en argent en 1819 et rappel en 1823 et 1827.

1664 *Grimes*, à Montpellier (Hérault): Marbres divers et Servantes en bois d'olivier avec trois plateaux en marbre. Médaille de bronze en 1827.

1665 *Abat, Morlière* et *Dupeyrou*, à Parmiers (Ariége): Aciers divers et limes. Médaille en argent en 1823. Rappel en 1827.

1666 *Ruffié père*, à Foix (Ariége): Aciers et faux. Médaille en or en 1823. Rappel en 1827.

1667 *Rouaix, Raboteau et compagnie*, à Saint-Girons (Ariége): Marbres divers.

1668 *Dastis et fils*, à Lavelanet (Ariége): Draps et cuirs de laine. Médaille en bronze en 1819. Rappel en 1823.

1669 *Séré l'aîné*, à Saint-Quirc (Ariége): Filoselles diverses.

1670 *Vincenti et compagnie*, à Montbelliard (Doubs): Six mouvemens de pendule faits à la mécanique.

1671 *Moser (Jean-Rodolphe)*, à Montbelliard (Doubs): Un mouvement de pendule.

1672 *Poulignot (Pierre)*, à Monténeroux (Doubs): Outils d'horlogerie, bijouterie, gravures en bois.

N°. MM.

1673 *Garnache-Creuillot (François-Augustin-Ferdinand)*, à Lesgras (Doubs) : Outils d'horlogerie.

1674 *Gauthier (Ernest-Joseph)*, à Lesgras (Doubs) : Outils d'horlogerie.

1675 *Gloriod (François-Joseph)*, à Lesgras (Doubs) : Outils d'horlogerie.

1676 *Garnache-Barthod (Lucien)*, à Lesgras : Outils d'horlogerie.

1677 *Garnache-Barthod (Pierre-Philippe)*, Outils d'horlogerie.

1678 *Mouret* et *De Vellorelle*, à Chenency (Doubs) : Fils de fer étamés garantis de la rouille. Médaille en argent en 1823. Rappel en 1827.

1679 *Bobillier (Pierre)*, à Lesgras (Doubs) : Tuyères, fonds de chaudières et bassins en cuivre et une scie.

1680 *Nicod (Pierre-François)*, à Lesgras (Doubs) : Faulx. Médaille en bronze en 1823. Rappel en 1827.

1681 *Bobillier (Isidore-Frédéric)*, à Lesgras (Doubs) : Faulx.

1682 *Nicod (François-Claude)*, à Maison-du-Bois (Doubs) : Faulx.

1683 *Bobillier (Célestin) frères*, à Grand-Combe (Doubs) : Faulx. Médaille en bronze en 1827.

1684 *Rayot*, à Montbelliard (Doubs): Echantillons de limes.

1685 *Perron*, à Besançon (Doubs) : Chronomètres et montre marine.

1686 *Wey frères*, à Besançon (Doubs) : Tapis de pieds.

1687 *Guinand*, *Daguet* et *Berthet*, à Lac du Villers (Doubs) : Flent-glass pour objectif.

1688 *Salins (Jean-Marie)*, à Valentigny (Doubs) : Scies, Truel- Limes ressorts et scies circulaires.

1689 *Bouchet* et *Dapples*, à Gouille (Doubs) : Fer-blanc.

1690 *Durand (Louis) et compagnie*, à Saint-Just-sur-Loire (Loire) : Châles et écharpes en soie teints à réserve.

1691 *Vignat Chovet*, à Saint-Etienne (Loire) : Echantillons de gros de Naples imprimés sur chaîne et brochés à plusieurs navettes.

1692 *Robichon et compagnie*, à Saint-Etienne (Loire) : Rubans de gazes façonnés découpés.

N^os MM.

1693 *Colcombet* et *Paliard*, à Saint-Etienne (Loire) : Echantillons de rubans en gaze découpée.

1694 *Tezenas-Balay*, à Saint-Etienne (Loire) : Echantillons de rubans de gaze d'un nouveau genre.

1695 *Bancel*, à Saint-Chamond (Loire) : Rubans de gaze découpés d'un nouveau genre.

1696 *Dobrée* et *Déville frères*, à Saint-Etienne (Loire) : Tissus et fils de caoutchouc.

1697 *Bechetoille (Jean-Baptiste) et compagnie*, à Bourgargental (Loire) : Papiers divers.

1698 *Hedde* (*Philippe*) à Saint-Etienne (Loire) : Petit métier de rubans dit à la Zurichoise.

1699 *Frichou-Debrye et compagnie*, à Saint-Etienne (Loire) : Aciers, Limes et Sabres.

1700 *Pichon*, à Saint-Etienne (Loire) : Fleurets et tranchets en acier de la Bérardière.

1701 *Leclerc* (*Pierre-Amand*) *et compagnie*, à la Bérardière (Loire) : Divers objets et échantillons de toute espèce d'aciers.

1702 *Jackson frères*, à Assailly (Loire) : Aciers. Médaille en or en 1823.

1703 *Soudry*, à Saint-Etienne (Loire) : Limes.

1704 *Merley Thivet*, à Saint-Etienne (Loire) : Canons damassés.

1705 *Hutter et compagnie*, à Rive-de-Gier (Loire) : Verres à vitres et cylindres pour pendules.

1706 *Renodier père et fils*, à Saint-Etienne (Loire) : Couteaux-eustaches et couteaux de cuisine.

1707 *Faure frères*, à Saint-Etienne (Loire) : Rubans de gazes.

1708 *Preynat* (*Saint-Etienne*), à Saint-Etienne (Loire) : Modèle de battant du métier à Rubans.

1709 *Marcoiret*, à Saint-Etienne (Loire) : Rubans, cordons.

1710 *Malespine*, à Saint-Etienne (Loire) : Enclume, bigorne, étau.

1711 *Micolon-Levans*, à Saint-Etienne (Loire) : Rubans de divers genres.

Nos MM:

1712 *Richond. Peyret* et *Vergeat*, à Saint-Etienne (Loire) : Rubans d'un nouveau genre imitant la blonde.

1713 *Humbert père et fils*, à Morley (Meuse) : Différens appareils pour l'orthopédie.

1714 De *Perrochel* (*Maximilien*) : à Fresnay (Sarthe) : Toiles en lin de flandre et toile de chanvre.

1715 *Goupille* (*Constant*) à Fresnay (Sarthe) : Toiles de lin de flandre et toile en fil de chanvre.

1716 *Rousseau Briand*, à Fresnay (Sarthe) : Toiles de lin. Mentionné honorablement en 1827.

1717 *Berger Deleinte*, à Fresnay (Sarthe) : Toiles de lin. Mentionné honorablement en 1827.

1718 *Butet* (*Joseph*) *jeune*, au Mans (Sarthe) : Toile de chanvre.

1719 *Guiller-Chardon*, à Ecommoy (Sarthe) : Toiles de chanvre.

1720 *Monnoyer*, au Mans (Sarthe) : Deux ouvrages imprimés d'après le système *Gando* pour le plain-chant.

1721 *Coneau et compagnie*, au Mans (Sarthe) : Boîtes de substances alimentaires conservées.

1722 *Touchard fils*, au Mans (Sarthe) : Un fusil à pierre se chargeant par la culasse.

1723 *Perrochel* (*De*), à Saint-Aubin de l'Ocquenay (Sarthe) : Marbres des carrières de Saint-Aubin de l'Ocquenay.

1724 *Detape*, à Bruniquel (Tarn-et-Garonne) : Fonte en fer et minerai.

1725 *Congoureux*, à Reynier (Tarn-et-Garonne) : Charrues.

1726 *Montaut neveu*, à Montauban (Tarn-et-Garonne) : Toiles à tamis.

1727 *Portal père et fils*, à Montauban (Tarn-et-Garonne) : Étoffes communes de différentes qualités.

1728 *Garrisson oncle et neveu et compagnie*, à Montauban (Tarn-et-Garonne) : Etoffes communes de différentes qualités. Médaille en bronze en 1819.

1729 *Laurent veuve et fils*, à Montauban (Tarn-et-Garonne) : Duvets.

Nos MM.

1730 *Pomiès*, à Saint-Autonin (Tarn-et-Garonne) : Papiers

1731 *Péquin*, à Hacheloup (Vendée) : Échevaux de Laine.

1732 *Boutet* (P. A.), à Saint-Hermine (Vendée) : un plan en relief d'une grange-étable.

1733 *Champy* (B. M.), à Grand-Fontaine (Vosges) : Tôle.

1734 *Falatieu* (le baron Joseph), à Bains (Vosges) : Fer-blanc brillant et Fil de fer. Médaille d'argent et mention honorable en 1827.

1735 *Resal* (aîné), à Plombières (Vosges) : divers objets de fer, Porte-feux, Garde-cendre, etc.

1736 *Mathey-Humbert*, à Darney (Vosges) : Couverts en fer battu, Fils de fer.

1737 *Bergaire et Langlois*, à Darney (Vosges) : Couverts en fer battu.

1738 *Le Tixerand*, à Vexaincourt (Vosges) : quatre feuilles d'Alènes.

1739 *L'Évêque*, à Vexaincourt (Vosges) : six broches de filature.

1740 *Richard*, à Plainfaing (Vosges) : Papiers de diverses sortes et Papiers de tenture.

1741 *Luilgot*, à Deyvillers (Vosges) : Papiers divers pour impression.

1742 *Seillière Provensal* fils, à Senones (Vosges) : Coton filé du n° 30 au n° 100.

1743 *Tessier père et fils* et *Zetter*, à Saint-Dié (Vosges) : Toiles, Mouchoirs de poche, Cravates et Coton filé. Médaille en bronze et mention honorable en 1823.

1744 *Aubry-Febvrel*, à Mirecourt (Vosges) : Dentelles diverses.

1745 *Société anonyme pour l'exploitation des Marbres*, à Epinal (Vosges) : Marbres.

1746 *Ferry*, à Epinal (Vosges) : Vases en marbre des Vosges.

1747 *Nicolas*, à Mirecourt (Vosges) : Basse et Violons dont un forme en même temps *alto*. Mention honorable en 1827.

Nos MM.

1748 *Anciaume*, à Mirecourt (Vosges) : Guitare.

1749 *Coffe*, à Mirecourt (Vosges) : Guitare.

1750 *Pageot*, à Mirecourt (Vosges) : Archets.

1751 *Thomas*, à Remiremont (Vosges) : un paquet de Lattes.

1752 *Delauney* (Prosper) et comp., à Laval (Mayenne) : Toiles et Coutils en fil.

1753 *Boisseau* père et fils, à Laval (Mayenne) : Toiles et Coutils en fil.

1854 *Duchemin-Pelmoine*, à Château-Gontier (Mayenne) : Toile en fil.

1755 *Legentil* frères, à Laval (Mayenne) : Toiles et Coutils en fil.

1756 *Henry* jeune, à Laval (Mayenne) : Marbres.

1757 *Truel et Biazez*, à Laval (Mayenne) : Tissus de coton.

1758 *Delaroche Lambert* et comp., à Laval (Mayenne) : Papier mécanique.

1759 *Gérard et Mielot*, à Brevanne (Haute-Marne) : Limes.

1760 *Boudard* aîné, à Chaumont (Haute-Marne) : Gants de peau de chevreaux.

1761 *Mougenot-Berthier*, à Chaumont (Haute-Marne) : Bougie blanche, première qualité.

1762 *Arthaud*, à Bourbonne (Haute-Marne) : Rasoirs acier damas d'une nouvelle forme.

1763 *Richet*, (Charles) à Langres (Haute-Marne) : un Couteau à quatre pièces, garni en or, une paire de ciseaux.

1764 *Mugnier*, à Vassy (Haute-Marne) : Boulons, Rivets et Cleus divers.

1765 *Laporte* et comp., à Meyrueix, arrondissement de Florac (Lozère) : Pointes, Clous et Aiguilles à bas.

766 *Jaffard* père et fils, à Mende (Lozère) : Papiers divers.

1767 *Meugiot*, à la Maison-Neuve (Côte-d'Or) : une Charrue.

1768 *Albert* (François), à Corcelles-les-Monts (Côte-d'Or) : une Charrue en fer. Pavillon n° 1.

Nos MM.

1769 *Vigier* (frères), à Aubusson (Creuse) : Tapis de foyer.

1770 *Violle* fils, Antoine-Joseph, à Dijon (Côte-d'Or) : Draps et Couvertures.

1771 *Lebrun*, à Dijon (Côte d'Or) : Règle pour mesurer les distances horizontales.

1772 *Debouchaud et Philippier*, à Nersac (Charente) : Flotre circulaire et Manchon sans couture pour la fabrication du papier.

1773 *Mallat* frères, à Angoulême (Charente) : Demi-Chronomètre à secondes.

1774 *Laroche* aîné (Jean), à Saint-Michel (Charente) : Papiers divers.

1775 *Laroche Joubert*, à Nersac (Charente) : Papiers divers.

1776 *Callaud-Bellisle*, à Veuze (Charente) : Papiers divers.

1777 *Delage frères*, à Saint-Michel, (Charente) : Toiles métalliques pour la fabrication des papiers.

1778 *Reybaud frères* et *Degrand*, à Marseille, Bouches-du-Rhône) : Sucres divers, Sirops et Mólasses.

1779 *Delestrade* (*Maxime*), à Meyrargues (Bouches-du-Rhône) : Matière première pour le papier. (*Algue zostera méditerranea*)

1780 *Boisselot* et *fils*, à Marseille (Bouches-du-Rhône) : Pianos.

1781 *Chavan*, à Marseille (Bouches-du-Rhône) : Pianos.

1782 *Rancurel* (*François*), à Roquevaire (Bouches-du-Rhône) : Une balance dite romane.

1783 *Bosq frères*, à Auriol (Bouches-du-Rhône) : Échantillons d'albâtre blanc d'Auriol, et d'albâtre scabelle de Roquevaire.

1784 *Gallifet*, à Tholonet (Bouches-du-Rhône) : Échantillons de marbre de Tholonet.

1785 *Tocchi*, à Arenc (Bouches-du-Rhône) : Argent d'affinage fondu, en feuille, etc.

1786 *Cavaillier* (*Antoine*) à Marseille, (Bouches-du-Rhône) :

N°. MM.

Plomb de chasse à alliage asernical, Tuyaux de plomb, Étain, etc.

1787 *Chanuel (Jean-Baptiste)*, à Marseille (Bouches-du-Rhône) : Statue de la Vierge en Feuilles d'argent battu.

1788 *Plendoux (Jean-Honoré)*, à Marseille (Bouches-du-Rhône) : Un pétrin mécanique.

1789 *Graux*, à Mauchamp, commune de Juvincourt (Aisne) : Échantillons de Laine, Soie.

1790 *Monnot Leroy*, à Pontru, (Aisne) : Échantillons de toison du troupeau électoral.

1791 *Moret* et *Compagnie*, à Moy, (Aisne) : Fils et Tissus, Toile et Tapis de lin. Mentionné honorablement en 1827.

1792 *Picart jeune* et *fils*, à Saint-Quentin (Aisne) : Tissus en coton.

1793 *Guille (Auguste)*, à Saint-Quentin, (Aisne) : Tissus en coton brodés.

1794 *Gosset (Noël)*, à Homblières, (Aisne) : Tissus en coton, Mousselines-laines.

1795 *Malezieux père* et *Robert*, à Saint-Quentin, (Aisne) : Tulles et Broderies. Citation honorable en 1827.

1796 *Quequignon* et *Compagnie*, à Saint-Quentin, (Aisne) : Jaconats et Nouveautés.

1797 *Bricaille*, à Saint-Quentin, (Aisne) : Linge de table en fil.

1798 *Loubry*, commune de Haris, (Aisne) : Échantillons de papier.

1799 *Deviolaine frères*, à Prémontré, (Aisne) : Échantillons de verrerie.

1800 *Deviolaine père*, à Cuffier, (Aisne) : Échantillons de verrerie.

1801 *Poilly (de)* à Folembray, (Aisne) : Bouteilles et Cloches.

Nos MM.

1802 *Coluet*, (*de*) à Wimy (Aisne) : Bouteilles et dem bouteilles.

1803 *Prisette*, à Urcel (Aisne) : Alun et Couperose.

1804 *Viellard* (*Joseph*), à Villers-Cotteret (Aisne): Échantillons de peignes.

1805 *Mailly* (*LouisJean*), à Villers-Cotteret (Aisne): Échantillons de peignes.

1806 *Noirot* et *Ferret*, à Niort (Deux-Sèvres): Gants et Peaux. Médaille en argent en 1823. Rappel en 1827.

1807 *Maurice-Colin*, à Arras (Pas-de-Calais): Dentelles.

1808 *Traxler* et *Bourgeois*, à Arras (Pas-de-Calais): Presse verticale et pétrin mécanique.

1809 *Cuvillier*, à Saint-Omer (Pas-de-Calais): Haut-Bois.

1810 *Crespel-Dellisle*, à Arras (Pas-de-Calais): Semoirs à graine et à cendre. Médaille en argent en 1823. Médaille en or en 1827.

1811 *Deletoile-Coquelle*, à Arras (Pas-de-Calais): Assortiment de bas.

1812 *Gaudy*, à Boulogne (Pas-de-Calais): Pièces de marbre. Médaille en argent en 1827.

1813 *Lecoq-Guibé*, à Alençon (Orne): Jaconats, Mousselines et Organdis.

1814 *Fauche*, à Guerquesalles (Orne): Toile cretonne.

1815 *Letard* (*Adelaïde*), à Alençon (Orne): Chapeaux de paille fine, récoltée dans le canton d'Alençon. Mentionnée honorablement en 1823.

1816 *Godard*, à Alençon (Orne): Épreuves de vignettes gravées sur bois.

1817 *Hue*, à l'Aigle (Orne): Filières à étirage et Échantillons d'acier. Médaille en argent et Mentionné honorablement en 1827.

1818 *Rossignol frères*, à l'Aigle (Orne): Échantillons d'Aiguilles et Passe-Lacets à bouton.

1819 *Bernard Fleury*, à l'Aigle (Orne): Fil de fer pour

Nos MM.

clouterie d'épingle ; Aiguilles, Agrafes, Cordes pour toile métallique, etc.

1820. *Mouchel* fils, à Laigle (Orne) : Fil de fer à cardé. Médaille en or en 1829 ; rappel en 1823 et 1827.

1821 *Laniel-Fontaine*, à Vimoutiers (Orne) : une Toile de 9 quarts pleins. Mentionné honorablement en 1827.

1822 *Nathan* frères, à Lunéville (Meurthe) : Peaux d'agneaux mégissées, de cheveraux, et Gants. Mentionné honorablement en 1827.

1823 *Matthieu de Dombasle*, à Roville (Meurthe) : divers Instrumens d'agriculture, Charrue, Hache-Paille. Coupe-Racine à mouvement alternatif, etc.

1824 *Nathan Béer et Tréfousse*, à Luneville (Meurthe) : Peaux diverses mégissées en blanc et teintes, Gants. Médaille en bronze en 1827.

1825 *Lemant* frères, à Blamont (Meurthe) : Tissus de coton de différentes qualités.

1826 *Boilvin (Marie)* frères, à Badouviller (Meurthe) : Alênes de différentes sortes. Médaille en argent en 1819 ; rappel en 1827.

1827 *Thirion*, à Norroy Marie de Saint-Sauveur (Meurthe) : Alênes de différentes sortes. Médaille en bronze en 1813 ; rappel en 1827.

1828 *Hoffmann*, à Nancy (Meurthe) : divers Instrumens d'agriculture, une Charrue Grangé perfectionnée, une Machine à battre les grains, etc.

1829 *Cirey* (la compagnie des verreries de), à Cirey (Meurthe) : Glaces. Médaille d'argent en 1819 ; rappel en 1823 et 1827.

1830 *Saint-Quirin*, (la compagnie des verreries de) à à Saint-Quirin (Meurthe) : Glaces. Médaille en argent en 1819 ; rappel en 1823 et 1827.

1831 *Warneck*, à Nancy (Meurthe) : Basse et Violons.

1832 *Laurent*, à Nancy (Meurthe) : Amidon.

1833 *Ruffi-Jussel*, à Nancy (Meurthe) : Lingerie et Broderies.

1834 *Gaudchaud Picard* frères, à Nancy (Meurthe) : Draps,

N°s MM.

Cuirs de Laine et Castorines. Citation honorable en 1827.

1835 *Simon*, (Jacques) à Nancy (Meurthe) : Draps en poils de chevreaux mêlés de laine,

1836 *Marcot et Matthieu*, à Nancy (Meurthe) : Draps, Cuirs de laine et Castorines.

1837 *Praeger* et comp., à Nancy (Meurthe) : Rubans de soie et Galons.

1838 *Bonjean*, à Nancy (Meurthe) : Lingerie et Broderie.

1839 *Bour*, à Nenci (Meurthe) : Coton à broder, Madapolam.

1840 *Landremont*, (François) à Nancy (Meurthe) : Dessins divers coloriés pour les papiers de tenture.

1841 *Husson et Miston*, (demoiselles) à Nancy (Meurthe) : Lingerie et Broderie.

1842 *Balbatre* aîné, à Nancy (Meurthe) : Lingerie et Broderie. Médaille en bronze en 1823; médaille en argent en 1827.

1843 *Martin et Horzer*, à Blamont (Meurthe) : Calicots de plusieurs largeurs. Citation en 1827.

1844 *Constantin* aîné et *Constantin* jeune, (veuve) à Nanci (Meurthe) : épreuves de Caractères d'imprimerie. Mentionnés honorablement en 1833.

1845 *Baccarat* (la compagnie des verreries et cristlaleries de) (Meurthe) : divers objets en cristal. Médaille d'or en 1823; rappel en 1827.

1846 *Cazenave*, (François) : à Nay arrondissement de Pau (Basses-Pyrénées) : pièces de Toile en coton.

1847 *Bégué*, (Félix) à Pau (Basses-Pyrénées) : Tissus de lin. Service de 24 couverts.

1848 *Pontgibaud*, (le comte de) à Pontgibaud (Puy-de-Dôme) : Saumon de plomb doux, et échantillon de minerai.

1849 *Versepuy*, à Riom (Puy-de-Dôme) : application du Ciment lithoïque.

1850 *Jonard et Magnin*, à Clermont (Puy-de-Dôme) : une boîte de Pâte française.

1851 *Ledru*, à Clermont (Puy-de-Dôme) : Plaques de do-

Nos MM.

mite émaillé, et de Bitume bisasphalte, échantillon de Granit.

1852 *Tixier Goyon*, à Thiers (Puy-de-Dôme) : Ciseaux. Mentionné honorablement en 1823; rappel en 1827.

1853 *Douris-Fumeaux*, à Thiers (Puy-de-Dôme) : Couteaux. Mentionné honorablement en 1823; rappel en 1827.

1854 *Bostmambrun*, (Philippe) à Saint-Remy (Puy-de-Dôme): Couteaux de table. Médaille d'argent en 1823; rappel en 1827.

1855 *Dumas et Girard*, à Thiers (Puy-de-Dôme) : Couteaux et Rasoirs. Médaille en argent en 1823; rappel en 1827.

1856 *Navaron Jury*, à Thiers (Puy-de-Dôme) : Rasoirs.

1857 *Pradier-Arbot*, à Thiers (Puy-de-Dôme) : Rasoirs. Citation en 1827.

1858 *Bouffons*, à Sauxillaiges (Puy-de-Dôme) : Faux. Médaille en bronze en 1823; rappel en 1827.

1859 *Dalmas*, à Clermont (Puy-de-Dôme) : Machine hydraulique.

1860 *Feugé-Fessard*, à Troyes (Aube) : Deux couvertures de piqué en coton.

1861 *Dapreuil*, à Pony (Aube) : Laines.

1862 *Braconnier* (*Alexandre*), à Arcis (Aube): Une paire de mitons, une paire de gants et une paire de bas avec dessins en or.

1863 *Michel-Petit*, à Troyes (Aube) : Quatre couvre-pieds.

1864 *Boulard*, à Lavilleneuve, près Bar-sur-Seine (Aube): Papiers. M. Horne, prédécesseur de M. Boulard, avait obtenu une médaille d'or en 1827.

1865 *François-Jacques* et *Benoît*, à Troyes (Aube) : Presse lithographique à cylindres, Modèle de pressoir à vins.

1866 *Benoît*, à Troyes (Aube) : Globes géographiques en papier parchemin.

1867 *Enfer-Réon*, à Troyes (Aube) : Soufflet de forge à double effet avec réservoir.

N^os MM.

1868 *Godet-Huchard*, à Troyes (Aube) : Échantillons de divers numéros, Plaques et Rubans de cardes à laine et à coton.

1869 *Fournet-Brochay*, à Lisieux (Calvados) : Drap bleu croisé à poil, Cottingue croisé et Molleton bleu croisé.

1870 *Duval-Lebec*, à Lisieux (Calvados): Une pièce d'espagnolette.

1871 *Vattier aîné*, à Lisieux (Calvados): Deux couvertures, en Filasse de lin, deux en fil de laine, en poil bœuf et veau, etc.

1872 *David-Monsaint*, à Lisieux (Calvados) : Une pièce de toile cretonne.

1873 *Petit-Monsaint*, à Lisieux (Calvados): Une pièce de nappes.

1874 *Debergue*, *Desfriches* et *Compagnie*, à Lisieux (Calvados) : Peignes pour draps et passementerie. Médaille en argent en 1827.

1875 *Gervais*, à Caen (Calvados): Cotons gris bleu, n. 50, n. 48, etc.

1876 *Lebaudy-Beauguillot*, à Caen (Calvados): Robe de tulle brodé.

1877 *Vautier (Victor)*, à Caen (Calvados): Bas en coton, en fil d'Écosse à jour brodés, et Gants en fil d'Écosse, Maille, Tulle au poinçon.

1878 *Potel*, à Caen (Calvados): Bas en fil d'Écosse à jour, Gants idem, etc.

1879 *Rivière*, à Magny-la-Campagne (Calvados): Canevas n. 8 2/3 à 24 2/3.

1880 *Polignac* (le comte Hérald de), à Gouvix (Calvados): Laines, Mérinos.

1881 *Juhel-Desmares*, à Vire (Calvados): Drap bleu et Drap cuir-laine.

1882 *Dauge* et *Jeuoh*, à Croissanville et à Caen (Calvados): Cotons à coudre, à broder et à repriser.

8

Nos MM.

1883 *Manneville*, à Gonneville sur Honfleur (Calvados): Diverses machines pour la confection de tonneaux et planches de parquet, Échantillons des produits.

1884 *Germon* (veuve) et *Compagnie*, à Orléans (Loiret): Cire blanche.

1885 *Gilbert*, à Orléans (Loiret): Creusets et Poterie à sucre. Médaille en bronze en 1823. Rappel en 1827.

1886 *Monmouceau frères*, à Orléans (Loiret): Limes, Râpes et Riffloirs, Limes en paille, Carreau en acier cimenté, Barres en acier corroyé. Médaille en or en 1823. Rappel en 1827.

1887 *Bérenger* et *Petit*, à Orléans (Loiret): Limes, Râpes et Carreau en acier.

1888 *Barba* et *Brécheux*, à Orléans (Loiret): Couvertures de laine.

1889 *Jacquet-Demay*, à Orléans (Loiret): Couvertures de laine et coton. Médaille en argent en 1823. Rappel en 1827.

1890 *Pekely*, *Grenouillet* et *Constantin*, à Ardentes-Saint-Martin (Indre): Pelle en fer et Faulx.

1891 *Lécoigneux* et *Compagnie*, à Bélabre (Indre): Barre de fer feuillard, Botte de fer en verge, un canon de pistolet confectionné avec du fer de Bélabre.

1892 *Maret de Bort*, à Châteauroux (Indre): Draps cuir-laine. Médaille en argent en 1823. Rappel en 1827.

1893 *Bourcard* (*Camille*), à Thann (Haut-Rhin): Coton filé n. 4 à 16, avec déchet. Chaînes pour tissage mécanique.

1894 *Hartmann* (*Jacques*), à Munster (Haut-Rhin): Cotons filés des n. 6, à 340 mille mètres.

1895 *Heilmann frères*, à Ribauville (Haut-Rhin): Cotons filés, chaîne des n. 74 à 150, trame des n. 84 à 150. Médaille en or en 1823 pour étoffes impressionnées. Médaille en argent en 1827 pour cotons filés.

1896 *Herzog* (*Antoine*), à Logelbach près Colmar (Haut-Rhin): Cotons filés, chaîne des n. 50 à 210, cotons

N^os MM.

filés, trame des n. 150 à 300. Une machine à tuber dit *double speeder* importée d'Amérique, servant de préparation aux fils, chaîne et trame, la seule qui fonctionne jusqu'ici en France.

1897 *Schlumberger* (*Nicolas*) et *compagnie*, à Guebviller (Haut-Rhin) : Cotons filés dans les n. 5 à 300, et Fils doublés et retors dans les mêmes numéros. Médaille en or en 1827.

1898 *Leclaire* (*Jean-Baptiste*), à Kaysersberg (Haut-Rhin) : Fils de lin et de chanvre n. 16 à 50, filés par le système de Jean Vitter de Mulhouse.

1899 *Hartmann-Weiss* (*Jacques*), à Soulzmatt (Haut-Rhin) : Calicots, Percales et toiles de coton de grandes largeurs, 4/4 à 12/4.

1900 *Schlumberger Steiner* et comp., à Mulhausen (Haut-Rhin) : Percales, Mousselines et Cotons filés. Médaille en argent en 1827.

1901 *Dollfus Mieg* et comp., à Mulhausen (Haut-Rhin) : Cotons filés, Calicots, Mousselines, Toiles imprimées. Médaille en argent en 1823 ; médaille en or en 1819.

1902 *Gros*, *Odier Roman* et comp., à Wesserling (Haut-Rhin) : Calicots, Mousselines, Jaconnats imprimés et Mousseline brodée. Médaille en or en 1819, sous la raison-sociale Gros, Davilliers, Roman et comp.

1903 *Schlumberger Kœchlin* et comp., à Mulhausen (Haut-Rhin) : Toiles et Mousselines imprimées de tout genre.

1904 *Schlumberger Daniel* et comp., Lutterbach (Haut-Rhin) : Toiles peintes de toute espèce. Médaille en argent en 1819.

1905 *Baumgartner Daniel* et comp., à Mulhausen (Haut-Rhin) : Percales et Jaconnats blancs. Médaille en argent en 1827.

1906 *Mieg*, (*Charles*), à Mulhausen (Haut-Rhin) : Calicots et Percales en blanc. Mentionné honorablement en 1827.

1907 *Rister* (*Mathieu*), à Cernay (Haut-Rhin) : Une pièce de Toile coton tissée par machine.

N°s MM.

1908 *Grosjean-Kœchlin*, à Mulhausen (Haut-Rhin) : Jaconnats et Mousselines imprimés.

1909 *Hartmann* et fils, à Munster (Haut-Rhin) : Mousselines, Percales imprimées.

1910 *Kœchlin* frères, à Mulhausen (Haut-Rhin) : Toiles et Mousselines peintes de tous genres. Médaille en or en 1819.

1911 *Liebach, Hartmann* et comp., à Thann (Haut-Rhin) : Toiles et Mousselines peintes de tous genres, Foulards imprimés.

1912 *Thierry-Mieg*, à Mulhausen (Haut-Rhin) : Toiles peintes. Médaille en argent en 1823; rappel en 1827.

1913 *Schlumberger* jeune et comp., à Thann (Haut-Rhin) : Toiles et Mousselines imprimées de tous genres.

1914 *Hausmann* frères, à Logelbach (Haut-Rhin) : Cotons filés, Calicot écru et blanc, Toiles et Mousselines imprimées. Méd. d'or en 1819; rap. en 1823 et 1827.

1915 *Kœchlin-Ziegler*, à Mulhausen (Haut-Rhin) : Echantillons d'impressions sur coton et soie pour meubles, et empreintes de gravures.

1916 *Blech* frères, à Sainte-Marie-aux-Mines (Haut-Rhin) : Tissus de coton en couleurs, et Guinghans fins et demi-fins.

1917 *Kayser Xavier* et comp., à Sainte-Marie-aux-Mines (Haut-Rhin) : Tissus de coton, Mousseline, Madras et Guinghans divers. Médaille en argent en 1827.

1918 *Mohler* frères, à Sainte-Marie-aux-Mines (Haut-Rhin) : Guinghans divers.

1919 *Reber J.-G.* et comp., à Sainte-Marie-aux-Mines (Haut-Rhin) : Guinghans divers. Médaille en bronze en 1827.

1920 *Risler-Reber*, à Sainte-Marie-aux-Mines (Haut-Rhin) : Cravates et Madras.

1921 *Franck*, (*Alexandre*) à Mulhausen (Haut-Rhin) : Cotonnades de diverses couleurs, damassées, Tissage à la Jacquart.

Nos MM.

1922 *Japy* frères, à Beaucourt (Haut-Rhin) : Vis à bois, Pitons, Gonds, Crochets, Charnières, Cadenas, Ébauches de montres, Serrures à pêne circulaire, articles de batterie de cuisine en fer étamé. Médaille en or en 1819; rappel en 1823 et 1827.

1923 *Kœclin* (André) et comp., à Mulhausen (Haut-Rhin) : Machines diverses, Métier à broder, à auner, à tisser et à filer.

1924 *Stehelin et Huber*, à Bischviller (Haut-Rhin) : un Bièle, un Couvercle de cylindre pour machine à vapeur, deux Lames en fer forgé pour fusils.

1925 *Vetter J. J.*, à Mulhausen (Haut-Rhin) : une Machine à étaler le lin et le chanvre, d'après le système anglais.

1926 *Ensisheim*, (Maison centrale de détention d') Titot et Chastelleux entrepreneurs), (Haut-Rhin) : Calicots divers, Platines de fusils, Serrures diverses. Mentionné honorablement en 1827.

1927 *Thyss Steffan* et comp., à Bühl (Haut-Rhin) : Draps et Cuirs de laine. Médaille en bronze en 1819; médaille en argent en 1823; rappel en 1827.

1928 *Zuber* (*Jean*) et comp., à Rixheim (Haut-Rhin) : Papiers peints de toutes espèces pour tenture et bordure, Papiers blancs. Médaille en bronze en 1819.

1929 *Mieg*, *Mathieu* et fils, à Mulhausen (Haut-Rhin) : Draps et Tapis.

1930 *Poulain*, *Duboy* et comp., à Pondichéry (Asie) : Toiles de coton bleu dites guinées.

1931 *Lacroix* fils, à Roquetaillade (Haute-Garonne) : Charrues, Sucre de betteraves, Laines et farine de froment.

1932 *Talabot*, *Léon* et comp., à Toulouse (Haute-Garonne) : Faulx et Limes. Médaille en argent en 1823.

1933 *Cayre*, *Raymond et compagnie*, à Toulouse (Haute-Garonne) : Produits chimiques.

1934 *Fouque*, *Arnoux et compagnie*, à Valentine près Saint-Gaudens (Haute-Garonne) : Poteries diverses, porce-

Nos MM.

laines, plan de la manufacture. Médaille en bronze en 1823. Rappel en 1827.

1935 *Layerle-Capel*, à Toulouse (Haute-Garonne : Chambranles et dessus de marbre des Pyrénées. Médaille en argent en 1827.

1936 *Virebent frères*, à Miremont (Haute-Garonne) : Briques profilées.

1937 *Trioque*, à Toulouse (Haute-Garonne) : Carton.

1938 *Dallas*, à Toulouse (Haute-Garonne) : Coton filé.

1939 *Delavean fils aîné*, à Lannaguet (Haute-Garonne) : Huiles.

1940 *Rollin et compagnie*, à Toulouse (Haute-Garonne) : Chapeaux divers.

1941 *Chapelon Cadet*, à Toulouse (Haute-Garonne) : Couvertures de coton, Pain de sucre, cuir tanné.

1942 *Lignières (Auguste) fils aîné*, à Toulouse (Haute Garonne) Farine froment, farine de maïs étuvée, un pain de sucre et cuir tanné. Médaille en bronze en 1827.

1943 *Gremaud Maury*, à Poitiers (Vienne) : Peaux de moutons, d'agneaux et peaux d'oies préparées.

1944 *Violet*, à Melun (Seine-et-Marne) : Une paire de sabots-souliers.

1945 *Selves*, à Passy (Seine-et-Marne) : Un atlas et soixante-quatre cartes géographiques autographiées.

1946 *Barbier*, à Provins (Seine-et-Marne) : Suspensoir déchargeur du sac à farine.

1947 *Adrien* et *Japuis* (*Jean-Baptiste*), à Claye (Seine-et-Marne) : Indiennes, meubles perses et mouchoirs.

1948 *Fontenelle*, à Avon (Seine-et-Marne) : Cribles métalliques de qualités diverses.

1949 *Lebœuf et Thibault*, à Montereau (Seine-et-Marne) : Porcelaine opaque, terre de pipe et grès.

1950 *Delatouche*, à Jouy-sur-Morin (Seine-et-Marne) : Papiers divers.

1951 *Gabry*, aux Fourneaux près Melun (Seine-et-Marne) : Pièces de faïence et bimbeloterie.

Nos MM.

1952 *Capy*, à Meaux (Seine-et-Marne) : Un échantillon de Grelins.

1953 *Melun* (Maison centrale de) Pawels, entrepreneur (Seine-et-Marne) : Objets de cuivre, bronze avec montures plaqué et en bronze argenté.

1954 *Lefevre*, à Provins (Seine-et-Marne) : Cuir fort de bœuf, façon Jusée.

1955 *Duvoir*, à Provins (Seine-et-Marne) : Plan de calorifère de l'invention du sieur Duvoir.

1956 *Turquan*, à la Ferté-sous-Jouarre (Seine-et-Marne) : Rubans et plaques de cardes à coton, laine et cachemire.

1957 *Arlincourt* (*le général d'*), à Cerifontaine (Oise) : Zinc, Laiton laminé et planches de cuivre.

1958 *Lebel*, à Compiègne (Oise) : Plaques en zinc pour le numérotage des maisons et le nom des rues.

1959 *Saint-Cricq Caleaux* (*de*), à Creil (Oise) : Porcelaines opaques et faïences fines. Médaille en argent en 1819. Rappel en 1827.

1960 *Laffineur-Bigot*, à Savignier (Oise) : Vases en poterie poreuse pour dessécher la céruse.

1961 *Larochefoucault-Liancourt* (*le duc de*), à Liancourt (Oise) : Cardes pour cotons.

1962 *Barbé-Zurcher et compagnie*, à Chantilly (Oise) : Jaconats, indiennes et coutils imprimés.

1963 *Vérité*, à Beauvais (Oise) : Tapis de table en draps et impressions sur draps. Médaille en argent en 1823. Rappel en 1827, sous le nom Lefebvre Jacquet Lainé, prédécesseur de M. Vérité.

1964 *Malard* et *Barré*, à Beauvais (Oise) : Tapis de pied tissés. Médaille en bronze en 1823, sous le nom de la veuve Bourgeois Barré.

1965 *Gaillard de Saint-Germain*, à Saint-Paul (Oise) : Sulfate de fer. Mentionné honorablement en 1806.

1966 *Duvivier* (*veuve*), à Villeneuve-sur-Verberie (Oise) : Sucre de betteraves.

Nos MM.

1967 *Dumouy-Perint de Broyes*, à Mesnil-Saint-Firmin (Oise): Café, et caramel de betterave.

1968 *Hutin* (*Ambroise-Stanislas*), à Trie-Chateau (Oise): Un cuir de Buenos-Ayres passé en buffle.

1969 *Demainville*, à Crépy (Oise): Un Semoir lenticulaire dit Crépy.

1970 *Bels-Sicard*, à Limoux (Aude): Pièces de Draps.

1971 *Courtejaire*, à Carcassonne (Aude): Draps pour billards de sept quarts de large.

1972 *Mandoul* (*Baptiste*), Carcassonne (Aude): Draps.

1973 *Mouisse* (*Jean-François*), à Limoux (Aude): Draps cuir-laine.

1974 *Pinet* (*Timothée*), à Quillan (Aude): Draps cuir-laine, Cachemire.

1975 *Revel* (*Jean-Pierre*), à Trèbes (Aude): Échantillons de carrelage à compartimens.

1976 *Rieutort-Lasserre*, à Limoux (Aude): Draps.

1977 *Roustic frères*, à Carcassonne (Aude): Draps.

1978 *Sompairac aîné*, à Cenne-Monesties (Aude): Draps. Médaille en bronze en 1827.

1979 *Viviès* (*Emmanuel*), à Sainte-Colombe sur l'Hers (Aude): Draps, Ouvrages en jayet et Peignes.

1980 *Vinay-Faure*, au Puy (Haute-Loire): Échantillons de dentelles de coton, coupons, fonds dentelles en soie blanche.

1981 *Soyez-Feuilloy* et *Desjardins*, à Amiens (Somme): Diverses pièces d'alépines noires 4/4.

1982 *Somont* (*Théodore*), à Amiens (Somme): Objets d'habillement en crin végétal, Cols de cravate, Bottines de femme, Casquettes, Pantalons, Morceau d'étoffe, Chaîne et trame de même nature.

1983 *Vuiller* (*Augustin*), à Dôle (Jura): Fourneau dit poêle économique.

1984 *Guyon frères*, à Dôle (Jura): Fourneaux économiques.

Nos MM.

1985 *Monnier-Jobez*, à Fourneau-Baudin, près Sellières, (Jura): Fourneau dit poêle économique.

1986 *Anonymes de Morez* (Jura): Horloges de différentes dimensions et Pendules.

1987 *Les mêmes*: Montures de lunettes.

1988 *David-Richard*, à Saint-Claude (Jura): Objets divers en tableterie.

1989 *Michaud-Mermillon*, à Saint-Claude (Jura): Tabatières.

1990 *Vincent*, à Saint-Claude (Jura): Boutons de corne fondue.

1991 *Bressard*, à Vernois, près Arbois (Jura): Papier couronne.

1992 *Domet-de-Mont*, à Dôle (Jura): Lunette achromatique. Médaille en bronze en 1823. Médaille en or en 1827.

1993 *Boilley* et *Cornu*, à Dôle (Jura): Échantillons de bleu.

1994 *Lemire*, aux forges de Clairvaux (Jura): Variété de clous mécaniques. Médaille en bronze en 1827.

1995 *Guillot aîné*, *Antoine Chapot* et *Compagnie*, à Vienne (Isère): Drap cuir de laine.

1996 *Odoard*, *Falatieu* et *Compagnie*, à Saint-Jean-de-Bournay (Isère): Drap de laine.

1997 *Lequertier*, à Limoges (Haute-Vienne): Statue de Napoléon sur un rocher, un Aigle Médaillon, etc., en colle-forte, un cordon de crin dit crin-laine, un cordon de soie de porc.

1998 *Corret* (*Jean-Victor*), à Lepuy-Moulinier (Haute-Vienne): Papier d'impression.

1999 *Bouillon jeune*, à Limoges (Haute-Vienne): Charrue, Balance, Bascule.

2000 *Debry-Rancé*, à Monthermé (Ardennes): Échantillon de carrelage en ardoises.

2001 *Mesminé l'aîné*, à Fromelennes (Ardennes): Planches en cuivre, Laiton, Chaudrons et Zinc laminé.

N^{os} MM.

2002 *Fort* et *Guillaume*, à Haraucourt (Ardennes) : Roues d'engrénage, en fonte de première fusion.

2003 *Bénard* (*Charles*), à Sedan (Ardennes) : Étaux, Fléaux de balance et Enclumes.

2004 *Blaise*, à Signy-le-Petit (Ardennes) : Fers creux en fonte à relever les plis.

2005 *Pierrot frères*, à Mohon (Ardennes) : Canons en damas pur, et Canons avec rubans d'acier.

2006 *Salmon*, à Charleville (Ardennes) : Fusils.

2007 *Brézol*, à Charleville (Ardennes) : Fusils.

2008 *Belhomet-Warin*, à Remilly (Ardennes) : Broches en fer creux, et Broches en acier.

2009 *Mathieu-Danloy*, à Raucourt (Ardennes) : Dez à coudre en fer, et Boucles.

2010 *Cellier-Rigaut*, à Raucourt (Ardennes) : Boucles.

2011 *Bruneaux et Demarmand*, à Rethel (Ardennes) : échantillons de Laines filées pour chaînes et trames.

2012 *Fournival* père et fils, à Rethel (Ardennes) : échantillons de Laines filées pour chaînes et trames, et tissus mérinos. Médaille en bronze en 1819 ; médaille en argent en 1823.

2013 *Dieudonné*, à Rethel et à Bergnicourt (Ardennes) : échantillons de Laines filées. Mentionné honorablement en 1823 sous le nom de Evrard Dieudonné.

2014 *Varinet-Nanquette*, à Balan près Sedan (Ardennes) : Draps et Casimirs.

2015 *Raulin* père et fils et *Duretois*, à Sedan (Ardennes) : Draps, Cuirs de laine et Casimirs. Médaille en argent en 1827.

2016 *Rousselet* (Antoine), à Sedan (Ardennes) : Draps et Casimirs.

2017 *Bacot* père et fils, à Sedan (Ardennes) : Draps et Casimirs. Médaille en or en 1819 ; rappel en 1823 et 1827.

Nos MM.

2018 *Bertecke-Lambquin*, à Sedan (Ardennes) : Draps et Casimirs. Médaille d'argent en 1823.

2019 *Trotrot* et fils, à Sedan (Ardennes) : échantillons de Draps, Cuir de laine et Casimirs.

2020 *Chayaux* frères, à Sedan (Ardennes) : Draps, Casimir et Cuir-laine. Médaille en argent en 1819; médaille en or en 1823; rappel en 1827.

2021 *Cunin-Gridaine et Bernard*, à Sedan (Ardennes) : Draps, Cuirs-laine, Casimirs et Draps cachemires. Médaille en or en 1823; rappel en 1827.

2022 *Leroy-Piquart*, à Sedan (Ardennes) : Draps, Cuirs-laine et Casimirs.

2023 *Jansen*, à Sedan (Ardennes) : Draps et Casimirs. Citation en 1823 ; médaille d'argent en 1827.

2024 *Piot et Nonnon*, à Mouzon, arrondissement de Sedan (Ardennes) : Draps et Casimirs.

2025 *Labrosse*, à Sedan (Ardennes) : Draps, Cotting extra-fin, Alpaga, Drap vigogne, etc.

2026 *Estivant* fils aîné, à Givet (Ardennes) : Colle-forte grand carré, et Colle-forte façon de Hollande. Médaille en argent en 1819; rappel en 1823 et 1827.

2027 *Estivant-Debraux*, à Givet (Ardennes) : Colle-forte en planche. Médaille en argent en 1819; rappel en 1823 et 1827.

2028 *Dehehr* frères, à Givet (Ardennes) : échantillon de blanc de plomb.

2029 *Laloyaux Lacot*, à Charleville (Ardennes) : Cuir fort.

2030 *Dauphin* (Louis), à Sedan (Ardennes) : Souliers et Brodequins en cuir dit imperméable.

2031 *Vaudoit et Massé*, à Givet (Ardennes) ; Pipes en terre.

2032 *Blaise* (Adam), à Charleville (Ardennes) : Brosses, pinceaux et Plumes.

2033 *Prévost*, à Mézières (Ardennes) : Canon de fusil de chasse fabriqué avec fer de vieille faulx. Mentionné honorablement en 1827.

2034 *Fayard*, à Sedan (Ardennes) : Draps cachemires.

N° MM.

2035 *Bridier, Chayaux* et fils, à Sedan (Ardennes) : Draps, Casimirs, Cuir-laine et Alpaga. Médaille en bronze en 1823, sous la raison sociale Bridier frères.

2036 *Pelletier*, à Amboise (Indre-et-Loire) : Aiguilles à coudre.

2037 *Mestre* (Jean) et *Durand* (Pierre), à Clermont (Hérault) : une Peau de mouton tannée, Basane au sumac. Mentionné honorablement en 1827 sous la raison Durand.

2038 *Largueze* (Antoine Cadet), à Montpellier (Hérault) : une pièce de Cuir de Buénos-Ayeres, tanné à la Garouille, Veau tanné à l'écorce de chêne, etc. Médaille en bronze en 1827.

2039 *Vouland* (Louis), à Montpellier (Hérault) : un Creuset de plombagine et autres substances d'une nouvelle invention pour la fusion des métaux.

2040 *Vallat* (Augustin), à Lodève (Hérault) : Drap pour les troupes. Mentionné honorablement en 1827.

2041 *Galinier*, à Montpellier (Hérault) : Dessus de table de marbre en mosaïque, fond vert antique.

2042 *Galtier*, à Clermont (Hérault) : Chandelles de suif perfectionnées.

2043 *Thomas* frères, à Avignon (Vaucluse) : Tissus de soie et échantillons de soies teintes.

2044 *Poncet* frères, à Avignon (Vaucluse) : Tissus de soie et échantillons de Garances en poudre.

2045 *Pamard*, (Hippolyte) à Avignon (Vaucluse) : Velours de soie et Tissus de soie.

2046 *Faure et Duprat*, à Avignon (Vaucluse) : Velours de soie et Tissus de soie.

2047 *Moynard*, (Hilarion) à Valréas (Vaucluse) : échantillons de Soies dites Douppions.

2048 *Brunet* (*Baptiste*), à Avignon (Vaucluse) : Echantillons de soies teintes sous châssis. Mentionné honorablement en 1819 et 1823.

2049 *Bonnet* (*Etienne*), à Apt (Vaucluse) : Faïences d'Apt.

N^os MM.

2050 *Mousquet* (*Louis*), à Pertuis (Vaucluse) : Mouvement de montre à nouvel échappement.

2051 *Reybaud*, à Apt (Vaucluse) : Faïence d'Apt.

2052 *Bernard cadet*, à Avignon (Vaucluse) : Porcelaines coloriées en mat et demi-mat, d'après les découvertes de l'auteur.

2053 *Guichard*, à Nantes (Loire-Inférieure) : Céruse, façon hollandaise.

2054 *Drouault frères et compagnie*, à Nantes (Loire-Inférieure) : Anneaux et câbles-chaînes, appareil de ridage à vis sans fin pour les haubans des navires.

2055 *Leydig et compagnie*, à Nantes (Loire-Inférieure) : Conserves alimentaires.

2056 *Millet* et *Chereau*, à Nantes (Loire-Inférieure) : Conserves alimentaires.

2057 *Monnier* (*Jullien*), à Nantes (Loire-Inférieure) : Echantillons de colle-forte.

2058 *David aîné* (*François*), à Nantes (Loire-Inférieure) : Plomb laminé, tuyau étiré sans soudure, étain.

2059 *Vallet* (*Louis*), à Nantes (Loire-Inférieure) : Tissus de coton et basin.

2060 *Guillemet aîné*, à Nantes (Loire-Inférieure) : Tissus de cotons, coutils et flanelles. Mentionné honorablement en 1827.

2061 *Babonneau* (*Alexandre*), à Nantes (Loire-Inférieure) : Une ancre à jas en fer, un bout de chaîne-câble.

2062 *Déromaz*, *Dojat et Flamand*, à Saint-Rambert (Ain) : Soie filée du n° 70 à 240, de diverses qualités, soie filée avec un mélange de laine, etc.

2063 *Dobler* (*Jean-Jacques*) *et fils*, à Tenay (Ain) : Soie filée du n° 35 à 80. Médaille en bronze en 1823. Médaille en argent en 1827.

2065 *Lardin frères*, à Saint-Rambert (Ain) : Soies filées, n° 104. Médaille en argent en 1827.

2066 *Aynard*, à Ambérieux (Ain) : Couvertures en laine, laines filées.

N°ˢ MM.

2067 *Collot fils*, à Saint-Rambert (Ain) : Linge de table damassé.

2068 *Julliard (Etienne-Joseph)*, à Oyonnax, arrondissement de Nantua (Ain) : Peignes.

2069 *Goiffon-Bollé*, à Oyonnax (Ain) : Peignes.

2070 *Bolley (Pierre)*, à Oyonnax (Ain) : Peignes.

2071 *Audrean-Venière*, à Oyonnax (Ain) : Peignes.

2072 *Tissot Martin et compagnie*, à Pouilly-Saint-Genis, arrondissement de Gex (Ain) : Verres chevrés pour montres.

2073 *Janin-Beatrix*, à Béard, arrondissement de Nantua (Ain) : Écrous fabriqués à la mécanique.

2074 *Truand* et *Audibert*, à Divonne, arrondissement de Gex (Ain) : Papiers de diverses qualités.

2075 *Meillonnas (de) frères*, à Meillonnas (Ain) : Tuyaux en grès propres à la conduite des eaux.

2076 *Chevron*, à Nantua (Ain) : Pierres lithographiques.

2077 *Bernard*, à Marchamp, arrondissement de Belley (Ain) : Pierres lithographiques.

2078 *Naz (Association rurale de)*, à Chevry, arrondissement de Gex (Ain) : Toisons. Médaille en or en 1823.

2079 *Langlois (veuve)*, à Bayeux (Calvados) : Objets de poterie et de porcelaine. Médaille en bronze en 1819. Rappel en 1827.

2080 *Barba* et *Brécheux*, à Orléans (Loiret) : Couverture de laine grise.

2081 *Latte*, à Chateaurenaud (Loiret) : Draps et échantillons de draps typographiques dits Blanchet.

2082 *Osmond (le comte d')*, à Bigny (Cher) : Fers.

2083 *Carré (Pierre-Paul)*, à Barbonne (Marne) : Un moulin à vent à volée horizontale.

2084 *Bidzeman (Nicolas)*, à Châlons (Saône-et-Loire) : Modèle de machine à broyer et tamiser le plâtre, Statues et Ornemens en ciment hydraulique, Tuyaux de même matière.

N^os MM.

2085 *Accary aîné (Jacques)*, à Tournus (Saône-et-Loire) : Couvertures de laine, Laine et Coton et Déchets de coton. Mentionné honorablement en 1819, et Rappel en 1823.

2086 *Charpillon*, à Tournus (Saône-et-Loire) : Potasse perlasse.

2087 *Blum*, à Épinac (Saône-et-Loire) : Bouteilles pour vins mousseux.

2088 *Hanriot*, à Mâcon (Saône-et-Loire) : Divers objets d'horlogerie.

2089 *Gardon*, à Mâcon (Saône-et-Loire) : Chandeliers, Flambeaux, Lampes, Robinets et autres objets en cuivre.

2090 *Brizou fils aîné*, à Rennes (Ille-et-Vilaine) : Cuirs forts, Cuirs mâles lissés, Cuirs de génisses lissés et Veaux cirés.

2091 *Lefebvre-Boitel*, à Amiens (Somme) : Cylindres garnis de peignes pour la filature des laines.

2092 *Roswag (Augustin)*, à Schelestadt (Bas-Rhin) : Tissus métalliques. Médaille en argent en 1806. Rappel en 1819. Médaille en or en 1823. Rappel en 1827.

2093 *Bigeard-Téodière*, à Angers (Maine-et-Loire) : Lampes.

2094 *Signez*, à Goincourt, près Beauvais (Oise) : Sulfate de fer.

2095 *Polle-Devierme*, à Beauvais (Oise) : Tapis de table en draps imprimés, et Impressions sur étoffes de laine et mérinos.

2096 *Tisserant*, *Quillier* et *Toussaint*, à Mello (Oise) : Tissus, Mérinos.

2097 *Lefèvre aîné*, à Cires-les-Mello (Oise) : Tissus, Mérinos.

2098 *Chalot*, à Chantilly (Oise) : Assiettes de porcelaine.

2099 *Achez-Portier*, à Mouy (Oise) : Machines pour bouter les cardes, et Échantillons de cardes.

2100 *Poittevin*, à Tracy-le-Mont (Oise) : Chaînes de coton parées et lissées, n. 22 et 32. Mentionné honorablement en 1819.

N°. MM.

2101 *Frérot*, à Paris, rue Saint-Honoré, n. 288 : Cadres recouverts de papier, Lithographie et meubles recouverts de papier.

2102 *Thomann*, à Besançon (Doubs): Un Ressort de voiture perfectionné.

2103 *Sandoz (Henri) fils*, à Besançon (Doubs) : Montres d'or et d'argent à la Lépine.

2104 *Despret fils (Antoine)*, à Anor (Nord) : Barres de fer et Lames à canon pour fusil de munition.

2105 *Malmazet aîné*, à Lille (Nord) : Plaques et Rubans pour carder le duvet de chèvre, la laine et le coton.

2106 *Widdowson*, *Bussel* et *Bailey*, à Douai (Nord) : Tulle bobin uni.

2107 *Delacre-Snande*, à Dunkerque (Nord) : Tiges de bottes, Cuir de cheval corroyé, Deux vases contenant un caustique propre à remplacer celui d'Angleterre et de Hollande pour la préparation des cuirs.

2108 *Blot (Emile)*, à Douai (Nord) : Cotons filés retors et Tulle.

2109 *Tesse-Petit*, à Lille (Nord) : Coton filé retors pour dentelles.

2110 *Vantroyen*, *Cuvelier* et *compagnie*, à Lille (Nord) : Cotons filés retors, Gazes.

2111 *Delos (Henri)*, à Lille (Nord) : Cotons filés.

2112 *Wacrenier-Delvinquier*, à Roubaix (Nord) : Stoff broché sur chaîne simple en laine pure.

2113 *Debuchy (Désiré)*, à Turcoing (Nord), Satin, Satin cuir laine royal croisé. Médaille en bronze en 1827.

2114 *Desmons (Joseph)*, à Millon-Fosse (Nord) : Charrue à versoir retournant sans avant-train.

2115 *Gerdrez*, à Paris, rue Montmartre, n. 127 : Pierre à rasoirs dits Indiennet.

2116 *Debuchy (François)*, à Lille (Nord) : Coutils pur fil.

2117 *Liénard-Demerles*, à Fives (Nord) : Colle forte.

Nos MM.

2118 *Place*, à Valenciennes (Nord) : Quatre pièces diverses de Pilon de différentes nuances, dont une noire.

2119 *Debettignies*, à Saint-Amand (Nord) : Porcelaine de Flandre dite de Saint-Amand.

2120 *Dupont*, à Lille (Nord) : Dentelles brodées, en coton.

2121 *Walle Staes*, à Steenwerck (Nord) : Un bureau pupitre montant.

2122 *Roussin*, à Paris, place Maubert, n. 1 : Rasoirs à dos mobiles, Forces à découper. Mentionné honorablement en 1827.

2123 *Delannoy Floris*. à Turcoing (Nord) : Fil de laine longue peignée.

2124 *Faure (Louis)*, à Wazemmes (Nord) : Échantillons de céruse.

2125 *Prus Grimonprez*, à Roubaix (Nord) : Étoffes en laine damassée, propres à l'ameublement des appartemens.

2126 *Hoque (Louis-François)*, à Valenciennes (Nord) : Briques et demi-briques refractaires.

2127 *Graz Voog*, à Valenciennes (Nord) : Échantillons de sucre.

2128 *Torris Edward*, à Dunkerque (Nord) : Crayons lythographiques.

2129 *Casse (Jean)*, à Roubaix (Nord) : Poils-de-chèvre, laine et soie pour gilet, étoffes damassées doubles pour meubles.

2130 *Lefebvre (Théophile) et compagnie)*, aux Moulins (Nord) : Blanc de céruse et blanc de plomb en écaille.

2131 *Renaux (Charles)*, à Candry (Nord) : Tulle.

2132 *Periez-Favier*, à Lille (Nord) : Coton filé.

2133 *Cournont* et *Godfernaux*, à Wazemmes (Nord) : Coton filé et fil retord pour tulle.

2134 *Bonhomme*, à Paris, rue Saint-Germain-l'Auxerrois, n. 87 : Chevalet mécanique.

2135 *Joly (Denis)*, à Lille (Nord) : Cotons filés teints.

2136 *Tribouillet (Victor)*, à Saint-Amand (Nord) : Porcelaines.

Nos MM.

2137 *Wacrenier (Pierre)*, à Roubaix (Nord): Coton filé, n. 180.

2138 *Prignet (Jean-Baptiste)*, à Valenciennes (Nord): Cinq labeurs typographiques.

2139 *Thiébaut*, à Lille, (Nord): Épreuves de gravures sur bois.

2140 *Delier et compagnie entrepreneurs de la maison central de Loos*, Deux pièces de calicots l'une renforcée, l'autre ordinaire.

2141 *Planchon (Isidore)*, à Landas (Nord): Charrue.

2142 *Pluquet (Edmond)*, à Lannoy (Nord): Courte-pointe en coton, couverture en laine et coton, etc.

2143 *Wilms*, à Paris, rue de Charenton, n. 32: Objets de tour.

2144 *Legrand père et fils*, à Fourmoir (Nord): Cotons filés.

2145 *Montaigne (Jean-Baptiste)*, à Ronchin (Nord): Etrindelle.

2146 *Cuvru Désurmont*, à Roubaix (Nord): Deux pièces minorque. tout laine.

2147 *Charlet (Pierre-Joseph)*, à Honplines (Nord): Houblon.

2148 *Scrive frères*, à Lille (Nord): Cardes pour coton et laine Médaille en 1823.

2149 *Flament (Joseph)*, à Bavai (Nord): Mors de bride perfectionné.

2150 *Lenglet Brohon (veuve)*, à Valenciennes (Nord): Bleu d'azur.

2151 *Desvignes Duquesnoy*, à Roubaix (Nord): Filés moitié coton, moitié laine.

2152 *Bedghel Serlôot*, à Bailleul (Nord): Fil retords de lin.

2153 *Cortyl Vanmerris*, à Bailleul (Nord): Sucre.

2154 *Roux*, à Châlons (Marne): Modèle de forte scierie à bois avec ses perfectionnemens.

2155 *Imphy*, (Société anonyme d') à Imphy (Nièvre): Chaudières, Planches, Barres de différentes dimensions, Clous, Rondelles, Feuilles de doublage grand et petit modèle pour la marine royale, Caisse à poudre, le tout en cuivre rouge; planches et barres en cuivre jaune. Feuilles en bronze pour le doublage des vaisseaux. Application nouvelle. Feuilles en tôle décapée

N^os MM.

et non décapée, Fers en barres, Ferblanc, Tombac, composition nouvelle, Feuilles de zinc, Planche de bronze préparée pour lagravure. Médaille en or en 1819. Rappel en 1823 et 1827.

2156 *Boigues* et *fils*, à Fourchambault (Nièvre) : Lingots en fonte de 1re et de 2e fusion, Chenets, Tuyaux de descente, Marmites en fonte, Fers en barre de 1 à 23 lignes, Aciers, Essieux pour wagons et machines locomatives, etc. Médaille en or en 1823. Rappel en 1827.

2157 *Pont Saint-Ours*, (Usines du) à Pont Saint-Ours (Nièvre) : Fers et Tôle. Médaille en argent en 1819. Médaille en or en 1823. Mentionné honorablement en 1827.

2158 *Raffin* (*J. de*) à Nevers (Nièvre) : Cables de frégate, de corvette, etc. Chaîne à mailles courtes pour les carrières de Paris, pour les grues et les chèvres. Médaille en argent en 1827.

2159 *Martin* et *Compagnie*, à Fourchambault (Nièvre) : Lits en fer avec roulettes, Fond en fer plat très-mince et élastique. Médaille en argent en 1827.

2160 *Pittié*, à Nevers (Nièvre) : Assiettes et Vases en faïence.

2161 *Dequeme fils*, à Raveau, près la Charité (Nièvre) : Barre d'acier cimenté pour les voitures, Barres carrées et plates en acier cimenté étiré pour limes, fabrication d'Allemagne et d'Angleterre; Acier pour coutellerie, taillanderie, tréfilerie, etc. Médaille en or en 1819 Rappel en 1823 et 1827.

2162 *Courot-Bigé*, à Corbelin, canton de Varzy (Nièvre) : Acier brut et corroyé.

2163 *Courot* (*G.*), à La Doué, canton de la Charité (Nièvre) : Acier brut dit acier à terre.

2164 *Paignon* (*Charles*) et *Compagnie*, à Bitry, canton de Pougues (Nièvre) : Acier naturel, Lingot de fonte douce.

2165 *Gourjon de la Planche*, à Nevers (Nièvre) : Limes de diverses espèces, acier cimenté, en fer du Nivernais. Mention honorable en 1827.

Nos MM.

2166 *Henriot*, à Nevers (Nièvre): Cheminées en marbre et échantillons de marbre du pays.

2167 *Savaresse*, à Nevers (Nièvre): Cordes pour violons, guitares et harpes. Médaille en bronze en 1827.

2168 *Tremeau-Soulmé*, à Vandenesse, canton de Moulins-en-Gilbert (Nièvre): Bustes de Napoléon, de Lord-Byron en fonte. Médailles, Bas-relief, Bombes, etc., en fonte.

2169 *Ladrey*, à Cigogne, canton de Saint-Bénin d'Azy (Nièvre): Essieux en fer.

2170 *Pot-de-fer*, à Nevers (Nièvre), Enclume en fer forgé et corroyé, Étaux. Mentionné honorablement en 1827.

2171 *Lelaurin* et *Fusilier*, à Nevers (Nièvre): Modèle d'une porte d'écluse en fer, fonte et tôle.

2172 *Groslard* (*Auguste*), à Nevers (Nièvre): Nouveau cylindre pour chauffer les bains.

2173 *Mévolhon-Dauchel*, à Nevers (Nièvre): Vernis à l'esprit de vin, Vernis à la copale, Térébenthine clarifiée, Ocre en poudre.

2174 *Postal-Forget*, à Rheims (Marne): Toile de fer à l'usage des brasseries.

2175 *Milon-Marquant*, à Rheims (Marne): Burat raz

2176 *Beglet* et *Mogin*, à Rheims (Marne): Laines peignées.

2177 *Dauphinot-Pérard*, à Isles (Marne): Châle fin 5/4.

2178 *Benoist-Mabot* et *Compagnie*, à Rheims (Marne): Toiles de laine, Mousseline, Laine.

2179 *Henriot fils*, à Rheims (Marne): Flanelles lisses et extra-fine, Bolivar croisé, Médulienne 3/4, Laine luisante.

2180 *Henriot aîné*, à Rheims (Marne): Flanelle dite Bolivar, Flanelle croisée, Flanelle de Galles, Casimir. Médaille en bronze en 1819. Médaille en argent en 1827.

2181 *Henriot* frères, sœur et comp., à Rheims (Marne): Flanelles lisse dite Bolivar, dite de Galles, Flanelles croisées, Flanelle casimir, Napolitaine, Casimir, Mérinos, Drap zéphir de diverses couleurs, Laine filée n° 24 à 80. Médaille en bronze en 1819; médaille en argent en 1823; médaille en or en 1827.

Nos MM.

2182 *Camu* fils et *Croutelle* neveu, à Rheims (Marne) : Laine filée pour chaîne et trame, du n° 18 au n° 120, Napolitaines.

2183 *Boyer* et comp., à l'Etang de Cordelas, près Limoges (Haute-Vienne) : Flanelles de diverses qualités, Couvertures. Mentionné honorablement en 1827.

2184 *Chapoulaud*, à Limoges (Haute-Vienne) : Livres imprimés.

2185 *Nevée, Tellier*, à Paris, rue Saint-Denis n. 107 : Charette, Moyeux et Ressorts.

2186 *Lefèvre*, à Paris, rue de la Limace, n. 18 : Fourneaux. Citation en 1827.

2187 *rosmel*, à Paris, rue de Fleurus, n. 18 : Pompe à incendie.

2188 *Salivet*, à Paris, rue de la Verrerie, n. 89 : Eau de Cologne.

2189 *Lefèvre*, à Paris, Place du Louvre, n. : Pommade pour les rasoirs.

2190 *Talabot* et comp., à Saint-Juery-Saut-du-Tarn (Tarn) : Aciers corroyés et fondus pour armes, Taillanderie, Coutellerie, Ressorts de voitures, etc.

2191 *Séguin*, à Albi (Tarn) : Essence d'anis vert.

2192 *Guillini*, à Nyons (Drôme) : Soie jaune, Trame.

2193 *Troté*, à Tonnerre (Yonne) : Romaine oscillante à contre-poids, système nouveau.

2194 *Falcon*, (Théodore) au Puy (Haute-Loire) : échantillons de Dentelles blanches.

2195 *Rogues-Rousset*, au Puy (Haute-Loire) : échantillons de Dentelles noires.

2196 *Fabry et Utzschneider*, à Sarreguemines (Moselle) : Assiettes, Moule à pâté, Vases, Bols, Corbeilles en fayence fine de diverses couleurs, et autres articles de luxe; objets en grès unis et en relief. Médaille en or en l'an 9, l'an 10, rappel en 1806, 1819, 1823 et 1827.

N^os MM.

2197 *Saint-Louis*, (compagnie des verreries de) à Saint-Louis (Moselle) : Bol et Verres à punch, avec Pateau, flacons, et diverses pièces pour service de table, Cristaux, etc.

2198 *Chedeaux* et comp., à Metz (Moselle) : Cols en tulle Robin, Dentelles, Mousselines, Jaconas, Mouchoirs brodés, Voile brodé à la neige, Robe à volans à la neige, Châle mérinos brodé. Médaille en argent en 1827.

2199 *Louyot*, à la Lobe commune d'Arry (Moselle) : Pipes en terre.

2200 *Michels, maire* à Metz (Moselle) : Bottes.

2201 *Burgun-Watter*, *yerger* et comp., et *Burgun-Schwerer* et comp., à Gœtzembruck et Meisenthal (Moselle) : Verres de pendules, de montres, de lampes et Gobletterie diverse.

2202 *Pauly*, à Puttelange (Moselle) : Soieries, Pluches et Velours.

2203 *Varlet*, à Thionville (Moselle) : Pièces en fer battu étammé.

2204 *Gompertz*, à Metz (Moselle) : Gelatine propre à la clarification des vins, etc.

2205 *Hesse*, (veuve) à Puttelange (Moselle) : Colle-forte.

2206 *Marchal*, à Bitche (Moselle) : Verres de montres.

2207 *Bichelberger*, à Sarralbe (Moselle) : Tabatières en carton, superfines, fines et communes.

2208 *Bastien*, à Metz (Moselle) : Soufflets de forges.

2209 *Léonard*, à Courcelles-Chaussy (Moselle) : Machine à battre, Charrue.

2210 *Schmidborn* et comp., à Sarralbe (Moselle) : Acier de diverses qualités.

2211 *Kessler* et comp., à Boulay (Moselle). Sulfate d'amoniac et Prusiate de potasse.

2212 *Pancré*, à Gorzé (Moselle) : Tuyaux d'orgue.

2213 *Leclerc*, à Metz (Moseille) : Coton à broder.

2214 *Germain*, à Moutiers (Moselle) : Draps pour les troupes.

Nos MM.

2215 *Poiré*, à Corny (Moselle) : Tuyaux en pierre factice.

2216 *Haffener*, à Metz (Moselle) : Tuiles, carreaux et briques.

2217 *Lazar Aron*, à Metz (Moselle) : Draps, Espagnolette et Flanelle.

2218 *Corbassière (dame)*, à Metz (Moselle) : Robe et mouchoir brodés.

2219 *Jaillet (Claude)* : à Lyon (Rhône) : Deux machines, quatorze tableaux, quatre plans collés sur toile, deux perçages pour les dessins applicables aux machines, grands cylindres et aiguilles.

2220 *D'Hautencourt Garnier et compagnie*, à Lyon (Rhône) : Châles. Médaille en or en 1827.

2221 *Gamot frères* et *Eggéna*, à Lyon (Rhône) : Châles, fichus, écharpes, mousseline, soie et gaze.

2222 *Decaen frères et compagnie*. à Arboras (Rhône) : Poterie.

2223 *Roux Combet et compagnie*, à Lyon (Rhône) : Châles.

2224 *Reverchon* et *frères*, à Lyon (Rhône) : Châles. Médaille en argent en 1823. Rappel en 1827.

2225 *Cocq*, à Lyon (Rhône) : Châles,

2226 *Belly Luizet*, à Lyon (Rhône) : Pièce de tulle.

2227 *Servant* et *Ogier*, à Lyon (Rhône) : Étoffes pour gilets.

2228 *Perrin (Louis)*, à Lyon : Horace polyglotte.

2229 *Gelot* et *Ferrière*, à Lyon (Rhône) : Châles.

2230 *Pagès Charles et compagnie*, à Lyon (Rhône) : Châles.

2231 *Buzel Beroujen et compagnie*, à Lyon (Rhône) : Ornemens d'église.

2232 *Mathevon* et *Bouvard*, à Lyon (Rhône) : Étoffes pour ameublement, nouveautés. Médaille en argent en 1823. Rappel en 1827.

2233 *Grillet* et *Trotton*, à Lyon (Rhône) : Châles.

Nos MM.

2234 *Vidalin*, à Lyon (Rhône) : Teintures et apprêts.

2235 *Damiron*, à Lyon (Rhône) : Châles.

2236 *Lacouture*, à Lyon (Rhône) : Arme.

2237 *Luquin frères*, à Lyon (Rhône) : Châles.

2238 *Guimet*, à Lyon (Rhône) : Flacons de bleu.

2239 *Potton Crozier et compagnie*, à Lyon (Rhône) : Étoffes façonnées et satins.

2240 *Ajac*, à Lyon (Rhône) : Châles. Médaille en or en 1819 et en 1823.

2241 *Chatelard* et *Perrin*, à Lyon (Lyon) : Peignes en acier.

2242 *Lemire et compagnie*, à Lyon (Rhône) : Ornemens d'église et ameublement.

2243 *Bonnaud* (*Louis*), à Lyon (Rhône) : Articles pour ombrelles.

2244 *Cinier* et *Fatin*, à Lyon (Rhône) : Châles en satin pour le Mexique et ornemens d'église.

2245 *Salmon* (*Alexandre*), à Tarare (Rhône) : Articles en coton.

2246 *Madinier fils*, à Tarare (Rhône) : Articles en coton.

2247 *Leutner et compagnie*, à Tarare (Rhône) : Articles en coton. Médaille en or en 1817. Rappel en 1823 et en 1827.

2248 *Macculoch frères*, à Tezare (Rhône) : Articles en coton.

2249 *Bourjet*, à Lyon Rhône) : Oseille. Médaille en argent en 1827.

2250 *Gantillon*, à Lyon (Rhône) : Étoffes pour meubles.

2251 *Pellin Bertrand et compagnie*, à Lyon (Rhône) : Articles de nouveautés en soie.

2252 *Sautel Coront*, à Lyon (Rhône) : Soie montée pour fabriquer le crêpe.

2253 *Duearre*, à Lyon (Rhône) : Velours.

2254 *Boiriven frères et compagnie*, à Lyon (Rhône) : Châles.

N°s MM.

2255. *Besset* et *Bouchard*, à Lyon (Rhône) : Chales en satin, Rideaux en satin lamé, machine:

2256 *Didier*, *Petit* et *comp.*, à Lyon (Rhône) : Ornemens d'Eglise et autres.

2257 *L'hote*, à Melun (Seine-et-Marne) : Carreaux, Mosaiques, Vasés, etc.

2258 *Gilquin*, à la Ferté-sous-Jouarre (Seine et Marne) : Meule.

2259 *Perier*, à Vitteaux (Côte-d'Or) : Tissus de merinos et Chales.

2260 *Ollat* et *Desvernay*, à Lyon (Rhône) : Echarpes en grenadine, tulle, mousseline, satin, dentelle, etc., Châles, cordonnet, etc.

2261 *Chaussenot*, à la Féeulerie de Neuilly (Seine): Appareil pour la distillation des eaux aromatiques et l'évaporation des divers liquides.

2262 *Piot*, à Paris, rue de Choiseul, n. 1 : Modèle de ehemins de fer.

2263 *Fichot*, à Paris, passage de l'Opéra, galerie du baromètre, n. 21 : Toupets.

2264 *Tison*, à Paris, avenue de Neuilly, n. 1 : Raquettes de paume.

2265 *Lan* (*Charles*) *et compagnie*, à Paris, rue du Petit Thouars, enclos du Temple, n. : Appareil dit modérateur, propre à modérer la flamme et la pression du gaz.

2266 *Dodeman*, à Paris, rue de Londres, n. 34: Couverture en zinc.

2267 *Gerand*, à Paris, rue des Quatre Fils, n. 21 : Lampes.

2268 *Normand*, à Paris, rue du Bac, n. 37 : Un balancier, un baromètre.

2269 *Rouillet* (*demoiselles*), rue Saint-André-des-Arts, n. 59 : Broderies sur canevas.

2270 *Chapelle*, à Paris, rue du faubourg-Saint-Denis, n. 19 : Porcelaines et cristaux décorés.

2271 Piquet (*Charles*), à Paris, quai Conti, n. 17 : Atlas de la ville de Paris.

Nos MM.

2272 *Geffrey*, à Paris chez M. Blanqui, petite rue Neuve-Saint-Gilles, n. 5 : Scarificateur aratoire.

2273 *Tenré* et *Stéphane Flachat*, à Paris, rue Neuve-des-Petits-Champs, n. 48 : Publication typographique ayant pour titre l'*Industrie*.

2274 *Valentin Féau Béchard*, à Orléans (Loiret) : modèle d'un système de fondage chinois.

2275 *Reveilhac*, à Paris, rue de la Roquette, n. 2 : Planches de cuivre.

2276 *Notta*, à Clignencourt, rue Marcadet, n. 9 : Tapis peints et vernis, imitant le parquet.

2277 *Giroux* (*Alphonse*), à Paris, rue du Coq-Saint-Honoré, n. : Albums reliés avec incrustations.

2278 *Postel* (*Mlle*), à Escoville (Calvados) : Châle de dentelle en soie noire.

2279 *Guerin*, à Honfleur (Calvados) : Échantillons de soie récoltée à Honfleur, soie grège, bas et gants de soie.

2280 *Bonnaire et compagnie*, à Caen (Calvados) : Blondes blanches avec liseret en argent, voile noir, châle blanc carré de six quart, mantille blanche. Médaille en argent en 1823.

2281 *Pelletier*, à Saint-Quentin (Aisne) : Linge damassé en fil écru, idem en fil blanchi dont une nappe de vingt aunes de long sur quatre aunes de large, appartenant à la maison du roi. Médaille en or en 1823. Rappel en 1827.

2282 *Aurivel aîné*, à Nîmes (Gard) : Châles tissus en laine, avec des fonds variés.

2283 *Barnouin* et *Bureau*, à Nîmes (Gard) : Châles Thibet avec ornemens variés, écharpe, cachemire pur broché, etc.

2284 *Bouet* et *Ribes*, à Nismes (Gard) : Châles tissus Thibet.

2285 *Bousquet Dupont*, à Nîmes (Gard) : Châles barrège à franges, châles merinos avec bordures imprimés, fichus en crêpe fin, châles Thibet, Gilet, etc. Médaillé en bronze en 1823, sous la raison Puget et Bousquet.

2286 *Brousse* (*Jacques*), à Nismes (Gard) : Châles fantaisie, fond plein, avec rosace, rayé à rosace, etc.

Nos MM.

2287 *Colondres frères*, à Nismes (Gard): Châles à rosaces, fond plein à bordure, etc.

2288 *Conte (Antoine)*, à Nismes (Gard): Châles, fond uni à galerie, châles Thibet, fichus Lesbiens, Orphée et popeline façonnée.

2289 *Combié-Roussel*, à Nismes (Gard) : Gros de Naples simlé, Andrienne, étoffe, composition nouvelle, gaze d'Orléans moirée, foulards, peluche, écharpes en soie imprimées. etc.

2290 *Coumert*, *Carretton et Chardounaud*, à Nismes (Gard : Châle long Thibet broché, châle en satin à rosace imprimé, etc

2291 *Curnier* et *comp.*, à Nismes (Gard): Crêpe façonné soie, coton imprimé, aldhana soie coton imprimé à rosaces 5/4, thibelien imprimé à rosaces, châle thibet broché, fond plein, galerie à rosaces, etc. Médaille en or en 1823 sous la raison Sabran père et fils et Curnier.

2292 *Daudet aîné* et *comp.*, à Nismes (Gard): Pièce de 28 pouces Batavia, mouchoirs de 28 pouces satin-foulard, taffetas noir.

2293 *Dhombres* et *comp.*, à Nismes (Gard): Grenadine fond uni, fond à rosaces, fond tapis, etc.

2294 *Durand*, *Bouchet* et *Hauvert*, à Nismes (Gard): Mouchoirs-foulards, mouchoirs Elverine, fichus, soutoirs, châles en satin, en foulard, etc., écharpes satin.

2295 *Fabrègue*, *Noury* et *comp.*, à Nismes (Gard): Châles 6/4 fantaisie, fond plein galerie, Châles 5/4 bordure mosaïque, rosace.

2296 *Gaidan* (*Georges*), à Nismes (Gard): Une coupe-cravates 28 pouce, cravates à rosaces riches, foulards.

2297 *Gévaudan*, *Bruguière* et *comp.*, à Nismes (Gard): Châles 5/4 non rayés trois aunes, châle long à palmes, fond blanc, etc.

2298 *Gelly frères*, à Nismes (Gard): Châles de 3/4 à 6/4, gaze coton et coins imprimés à bordure, à rosaces fond sablé, etc.

2299 *Martin frères*, à Nismes (Gard): Châles Bagnols imprimés, mandarins, lesbiens, thibet et à galerie, à rosaces etc., Peluche double pour chapeaux, mignonnette, nanquinette glacée, gros de Naples première qualité, etc. Médaille en bronze en 1827.

Nos MM.

2300 *Nourry frères*, à Nismes (Gard): Châles de 5 et 6/4 fantaisie unie à galerie, double fond plein, thibet à rosaces, etc.

2301 *Rouvier* et *Michel*, à Nismes (Gard): Imberlines en serge satinées, tout fleuret surfin pour meubles.

2302 *Rouvière-Cabane*, à Nismes (Gard): Châles thibet fond plein riche à bordure, semé à rosaces avec et sans bordures, etc.

2303 *Roux frères*, à Nismes (Gard): Châles 6/4 brochés à grandes chines fond plein.

2304 *Sabran père* et *fils* et *Raynaud*, à Nisme (Gard): Châles de 4 à 6 1/4, à rosaces, fond plein, rayé, châles Thibet etc. Médaille en argent en 1823.

2305 *Soulas aîné*, à Nismes (Gardà: Châle fantaisie fond plein à bordure, châles Thibet rosaces, semés etc.

2306 *Bossens*, *Moureau* et *Beaud*, à Nismes (Gard): Gants de soie, soie et coton, bas de soie à jours, bas de bourre ds soie.

2307 *Boissier* et *comp.*, à Nisme (Gard): Gants de soie, soie chinée, à jour, brodés avec nuances et mittons.

2308 *Joyeux*, *Emile* et *comp.*, à Nismes (Gard): Gants fils d'Ecosse façonnés, gants sans couture, gants à jour.

2309 *Germain* (*Pierre*), au Vigan (Gard): Bas à jour pour femme, bas à jour pour homme, bonnets blancs.

2310 *Pagès fils* et *comp.*, à Nismes (Gard): Gants de coton en couleur, Gants en fil d'Ecosse, gants avec broderie, mittons, bonnet de soie noire fine, etc.

2311 *Plantier*, *Barre* et *comp.*, à Nismes (Gard): Gants en fil d'Ecosse, mittons *id.*, gants de soie avec dessins, broderies et mittons, bas en bourre de soie, calottes en coton lithographiées, bonnets en bourre de soie, etc.

2312 *Tur* et *comp.*, à Nismes (Gard): Gants de soie chinés pour homme, gants en fil d'Ecosse, mittons de soie à jour, bas de coton ordinaires, brodés, jour, bas de soie et de bourre de soie dans toutes les qualités.

2313 *Boucoiran* (*L.*) et *A. Bruguière*, à Nismes (Gard): Cocons doubles, douppions, soie à coudre, soie trame à 2 et 3 fils, cordonnets, etc.

2314 *Colomb*, à Nismes (Gard): Bretelles.

Nos MM.

2315 *Nismes (Maison central de*, (Gard) : Bretelles, Nanquinettes, bourrettes, etc.

2316 *Tessier-Ducros*, à Valleranese (Gard): Soie filée, organsin ouvré, soie ouvrée pour tulle, poil saus apprèt. Médaille en argent en 1823. Rappel en 827.

2317 *Alais*, (*Compagnie des hauts fourneaux*), à Alais (Gard) : Minerai de fer, cock, fonte de fer, fer pudle, fer non ouvré, et ouvré, boulons, écrous, clés.

2318 *Combe*, (*compagnie de la grande*), à Alais (Gard) : houille provenant des couches de la grande Combe, de la forêt d'Abylon, de Triscol et Lusor, de champ Clouzon, houile sèche et minerai de fer.

2319 *Clairac* (*mines de zinc de*, à Clairac (Gard) : mnera ide zinc, zinc brut, lingot de zinc refondu et tiré au marteau.

2320 *Lacazes*, à Nismes (Gard) : charrue.

2321 *Rolland* (*Jules*), à Nismes (Gard) : huile de Riccin.

2322 *Plantier-Barre*, à Nismes (Gard) : poterie.

2323 *Devèze*, *fils* et *compagnie*, à Nismes (Gard) : châles indous 6/4 avec bordure, à galerie et châles thibet à mosaïques, rayés, etc.

2324 *Colandre Jean et Prades*, à Nismes (Gard) : châles 6/4, tapis à rosaces, châle double galerie, châle tibet, etc.

2325 *Daudet jeune*, à Nismes, (Gard) : foulards, 2 pièces sindhéa 28 pouces, etc.

2326 *Benoit père et fils*, à Saint-Jean-du-Gard (Gard) : gants de soie à jour, gants de fil d'Ecosse, bas de soie gaze blancs à jour, etc.

2327 *Leignadier et Daumas*, à Nismes (Gard) : gants de soie amadis brodés à fleur, gants en fil d'Écosse, mittons, etc.

2328 *Meynard Cadet*, à Nismes (Gard) : gants de soie à jour, en tulle, mittons soie tulle à jour, etc. Médaille en argent, en 1829.

2329 *audet Quierety et compagnie*, à Nismes (Gard) : foulards enluminés, mouchoirs foulards vrais garancés, double chaîne. cravates fantaisie, mouchoir turc, or fin, etc.

2330 *Puget*, à Nismes (Gard) : fichus en mousseline, en cache-

Nos MM.

mirienne imprimés, Florence noir bleu, bleu ciel et grenat. Médaille en bronze en 1823.

2331 *Say-Arnaud*, à Nismes (Gard) : Imleesline satinée, et en fleurs pour meubles.

2332 *Reech*, à Lorient (Morbihan) : métier à tresser les drisses de pavillon.

2333 *Houtteville*, à Saint-Denis-d'Achon (Seine-inférieure) : toisons-belier-mérinos.

2334 *Pimont Prosper*, à Darnetal (Seine-Inférieure : paquet de laine blanche, de laine rouge et de laine bleu. Drap blanc pour chassis et pour table, castorine bronze, etc.

2335 *Bocachard*, à Elbœuf (Seine-Inférieure) : un cadre contenant échantillons de laine teinte, un cadre avec échantillons de drap.

2336 *Arons* (*Félix*), à Elbœuf (Seine-Inférieure) : draps.

2337 *Barbier*, *Victor*, à Elbœuf (Seine-Inférieure) : draps.

2338 *Delarue frères*, *Augustin*, à Elbœuf (Seine-Inférieure : cuir-laine et draps pour billard.

2339 *Javal*, *B.*, à Elbœuf (Seine-Inférieure), draps.

2340 *Robert Flavigny* et *fils* à Elbœuf (Seine-Inférieure) : draps, cuir-laine et casimir. Médaille en or en 1827.

2341 *Chefderue* et *L. Chauvreulx*, à lbœuf (Seine-Inférieure) : cuir-laine et casimir.

2342 *Gaudechaux frères Picard*, » Elbœuf (Seine-Inférieure: draps cuir-laine.

2343 *Vallés frères*, à Elbœuf (eine-Inférieure) : draps.

2344 *Sevaistre Turgis*, à Elbf (eine-Inférieure) draps de fantaisie.

2345 *Chenevières* (*Théod re*), à Elbœuf Seine-Inférieure) : draps de fantaisie et autres.

2346 *Beer*, à Elbœuf (Seine-Inférieure) : draps.

2347 *Charvet*, à Elbæuf (Seine-Inférienre) : draps et casimirs.

2348 *Desfreches* et *fils*, à Elbœuf (Seine-Inférieure : draps.

2349 *Legrand-Durusle* et *Fouré*, à Elbœuf (Seine-Inférieure) : draps.

2350 *Grandin*, *Victor Auguste*, à Elbœuf : draps (Seine-Inférieure).

Nos MM.

2351 *Thelu*, à Aumale (Seine-Inférieure) : flanelles et cuir-laine.

2352 *Auber*; *Ebuis*, à Rouen (Seine-Inférieure) : stoffs en laine, mousseline laine, satin laine, etc.

2353 *Dieppe* (*Ecole manufacturière de*), à Dieppe (Seine-inférieure) : Un cadre contenant 19 pièces de dentelles.

2354 *Lecomte* et *Cadinot*, à Rouen (Seine-Inférieure) : Linge en fil damassé.

2355 *Chevalier*, à Rouen (Seine-Inférieure) : Un carton contenant 40 fusées en coton, tissure n. 34 métrique.

2356 *Fauquet-Lemaître*, à Bolbec (Seine-Inférieure) : Fusés en coton tissées à la mecanique, fusées renvidées à la main, etc., calicot façon alzan. Mentionné honorablement en 1819.

2357 *Saint-Acheul*, à Rouen (Seine-Inférieure) : Robe d'enfant en fil d'Ecosse brodée, bas de fil d'Ecosse, etc.

2358 *Lefort* (*L.-C.*), Grand-Couronne près Rouen (Seine-Inférieure) : Tulle coton en bandes. Mentionné honorablement en 1823, Médaille en argent en 1827, sous la raison Sénéchal et comp.

2359 *Fauquet-Pouchet*, à Bolbec (Seine-Inférieure) : Tissus coton imprimés pour meubles.

2360 *Caignard*, à Rouen (Seine-Inférieure) : Tissus de coton dits rouennerie.

2361 *Coltais aîné*, à Rouen (Seine-Inférieure) : Tissus de coton imprimés pour meubles.

2362 *Bobée*, à Rouen (Seine-Inférieure) : Tissus dits rouennerie.

2363 *Tricot jeune*, à Rouen (Seine-Inférieure) : Pagnes coton 4/4 frangé, *id.* tissus soie et coton, mousseline satinée, etc.

2364 *Gouel-Pellerin*, à Rouen (Seine-Inférieure) : Cotonnades rouges grand teint.

2365 *Payenneville-Queval*, à Rouen (Seine-Inférieure) : Circassienne, casimir, lasting et reps.

2366 *Philippe* à Darnétal (Seine-Inférieure) : Un paquet coton fil, teint en bleu.

Nos MM.

2367 *Cellier* (*Edouard*), à Rouen (Seine-Inférieure) : Echantillons de coton bleu et trois pierre d'indigo.

2360 *Gonfreville fils*, à Déville près Rouen (Seine-Inférieure): Cartons contenant divers échantillons de cotons, teints avec sustances indigènes et exotiques.

2369 *Stackler*, à Rouen (Seine-Inférieure): Indiennes. Mentionné honorablement en 1827, sous la raison Lamy-Stackler.

2370 Pi*mont aîné*, à Rouen (Seine-Inférieure) : Mouchoirs de deuil, cravates, indiennes, etc. Medaille en bronze en 1827.

2371 *Rondeaux*-*Pouchet*, à Bolbec (Seine-Inférieure) : Indiennes.

2372 *Bance-Tiercelain*, à Rouen (Seine-Inférieure): Calicots teints.

2373 *Lepicard aîné*, à Rouen (Seine-Inférieure): Siamoises.

2374 *Pimont* (*Prosper*), à Darnetal (Seine-Inférieure): Cravates, Indiennes pour meubles, châles, genre cachemire etc.

2375 *Arnaudtizon*, à Bapaume-lès-Rouen (Seine-Inférieure) : Indiennes.

2376 *Kettinger* et fils, à Bolbec (Seine-Inférieure) : Indiennes. Médaille en bronze en 1819.

2377 *Barbét* (*Henry et comp.*), à Rouen (Seine-Inférieure) : Indiennes.

2378 *Simonin*, à la Poterie près Rouen (Seine-Inférieure) : Sulfate de cuivre et soufre raffiné.

2379 *Grenet*, à Rouen (Seine-Inférieure) Colles et gélatines.

2380 *Muller, Bouchard, Houdin* et *comp.*, à Geures (Seine-Inférieure): Papiers.

2381 *Néron jeune*, à Rouen (Seine-Inférieure) : Impressions en foulard sur coton. Médaille en argent en 1823. Rappel en 1827.

2382 P*apavoine*, à Rouen (Seine-Inférieure) : Machine à bouter.

2383 *Agneray* (Jacques-Marie), à Rouen (Seine-Inférieure) : Batteur étaleur, un comprimeur.

2384 *Ricard*, à Rouen (Seine-Inférieure): Rota-froteur en gros et en fin.

Nos	MM.
2385	*Miroude* (*A.*), à Rouen (Seine-Inférieure) : Cardes.
2386	*Lefrançois*, à Eu (Seine-Inférieure) : Plate-forme ou Machine à refendre, cercle de mathématicien, graphomètre, sextant et autres instrumens.
2387	*Cornu fils*, au Hâvre (Seine-Inférieur) : Horloge marine, mouvement.
2388	*Eder*, à Rouen (Seine-Inférieure): Piano en fonte.
2389	*Sudds, Atkins et Barker*, à Rouen (Seine-Inférieure): Une presse dite muette, une machine à vapeur, une plaque en fonte, un mano-mètre.
2390	*Nillus*, au Hâvre (Seine-Inférieure) : Un cercle drosse fixe à moufle, piton à charnière, arc-boutant, cercle de suspente et sa chaîne, poulie double.
2391	*Ladway*, à Rouen (Seine-Inférienre) : Un piston pour machine à vapeur.
2392	*Delacroix*, à Rouen (Seine-Inférieure): Cheminée en fonte pour charbon de terre et autres.
2393	*Blard* (*Jacques*), à Dieppe (Seine-Inférieure) : Christ, Vierge, Bouquet en ivoire, Apollon, Voltaire, Rousseau, éventail, etc., en ivoire.
2394	*Polliard*, à Rouen (Seine-Inférieure): Une main artificielle, arc de triomphe en buis, seringue perfectionnée.
2395	*Viret*, à Rouen (Seine-Inférieure): Un compas diviseur.
2396	*Deschands* (*veuve*), à Fécamp (Seine-Inférieure) : Objets divers de menuiserie.
2397	*Duguerchets*, à Lorient (Morbihan) : Appareil destiné à sauver les malades, les femmes et les enfans en cas d'incendie; modèle de bateau sauveteur, appareil de suspension de rose de boussole.
2398	*Michau*, à Pontscorff, arrondissem. de Lorient (Morbihan): Cuirs de France et cuirs d'Amérique.
2399	*Vrignault et Destroyat*, à Lorient (Morbihan): Épreuves de fil de plomb.
2400	*Harel*, à Pontivy (Morbihan) : Cuirs mâles.
2441	*Guriec jeune*, à Vannes (Morbihan) : Cuirs.
2402	*Corniquel*, à Vannes (Morbihan) : Cuirs.

N°s MM.

2403 *Pruvard*, à Vannes (Morbihan) : Charrue à défricher, extirpateur et herse brisée.

2404 *Trénau*, à Vannes (Morbihan) : Un taille-[illegible]

2405 *Feutray*, à Vannes (Morbihan) : Reliûres et demi-reliûres.

2406 *Cranigui* à Surzur (Morbihan) : Drap blanc à l'usage des habitans de la campagne.

2407 *Lenevé* (*Jean*), à Vannes (Morbihan) : Drap noir à l'usage des habitans de la campagne.

2408 *Guin* (*Pierre*), à Vannes (Morbihan) : Drap pour manteaux de deuil et de route à l'usage des habitans de la campagne.

2409 *Jacob*, à Vannes (Morbihan) : Serviettes.

2410 *Saint-Louis* (Maison de charité), à Vannes (Morbihan), toile de ménage pour draps, serviettes et chemises.

2411 *Glond*, à Vannes (Morbihan) : Indicateur ou improvisateur vocal mécanique.

2412 *Brissac* (*le comte de*), à Pontcaleck (Morbihan), trois barres de fer rond pour chaînes de ponts suspendus, deux ont été éprouvées.

2413 *Lemaire frères*, a Contres près Dun-le-Roi (Cher) : Échantillon de sucre de betteraves.

2414 *Auloy* (*Philibert*), à Marcigny (Saône-et-Loire) : Toiles pour draps et chemises; serviettes, nappes damassées et non damassées. Citation en 1827.

2415 Dupont, à Troyes (Aube) : Cotons filés dans les numéros fins, finettes, molletons, basin-perçale, coutils, futaine, piqué, tricot, etc. Médaille en argent en 1819. Rappel en 1823.

2416 *Huot* (*Charles*), à Troyes (Aube) : Jupon-tulle, pantalon-côtes, gilets, etc.

2417 *Lépine*, à Montaulin près Troyes (Aube) : Échantillons de laines.

2418 *Hanriot*, à Mâcon (Saône-et-Loire) : Montres. Médaille en bronze en 1823. Médaille en argent en 1827.

2419 *Bernard* (*Jean Joseph*), à Villedieu (Indre) : Porcelaines. Médaille en bronze en 1823, sous la raison Blanc.

Nos MM.

2420 *Odiot*, à Louviers (Eure) : Draps.

2421 *Danet frères*, à Louviers (Eure) : Draps. Médaille en argent en 1819. Médaille en or en 1823.

2422 *Jourdain F. et Ribouleau*, à Louviers (Eure) : Médaille en or en 1819, 1823 et 1827.

2423 *Gastines fils*, à Louviers (Eure) : Draps. Mentionné honorablement en 1823. Médaille en bronze en 1827.

2424 *Chenevière*, à Louviers (Eure) : Draps et nouveautés. Médaille en argent en 1827.

2425 *Lecouturier*, à Louviers (Eure) : Draps.

2426 *Viollet et Jeuffrain*, à Louviers (Eure) : Draps.

2427 *Hache Bourgeois*, à Louviers (Eure) : Cardes par procédés mécaniques et Rubans. Médaille en argent en 1806. Médaille en or en 1823.

2428 *Roitevin et fils*, à Louviers (Eure) : Draps.

2429 *Dubois et compagnie*, à Louviers (Eure) : Machine à filer et Fil de laine.

2430 *Descours, Bournhonat et comp.*, Louviers (Eure) : Draps.

2431 *Maino*, à Rouen (Seine-Inférieure) : Peignes en acier inoxidable, peigne dit lyonnais en cuivre, et peigne pour les machines à parer.

2432 *Gallaud et Ducamp*, à Nismes (Gard) : Châles 5|4, double fond vert, uni plein, ponceau, etc., écharpe blanche.

2433 *Roux-Cadet, Rigot* et Compagnie, à Nismes (Gard) : Soie poil jaune et blanc, Mouchoirs 6|4 fantaisie, à rosaces, etc. Châle long rayé.

2434 *Bellille-Fournier*, à Nismes (Gard) : Huile de Riccin.

2435 *Bompard, La Ruelle et Olry*, à Nancy (Meurthe) : Mousseline claire, coton rouge, coton blanchi et coton écru.

2436 *Dubourg*, à Melun (Seine-et-Marne).

2437 *Pradier*, à Poissy (Seine-et-Oise) : Carté d'échantillons de coutellerie.

FIN DU CATALOGUE.

www.ingramcontent.com/pod-product-compliance
Ingram Content Group UK Ltd.
Pitfield, Milton Keynes, MK11 3LW, UK
UKHW020335230726
13925UKWH00002B/812